水库涉水侵蚀对岸坡稳定性影响及护坡效果研究

（上册）

刘修水　王步新 等※著

内容简介

本书针对水库消落区涉水土质滑坡和侵蚀的降雨、水位变化以及风浪作用对岸坡稳定性的影响机理，提出了一种改进的BSTEM迭代算法，建立了降雨、近岸坡水流、水库水位、地下水以及风浪侵蚀影响的水库岸坡崩岸数字模型，实测验证了典型水库岸坡崩岸过程模型，证实了新建模型能更好地预测各种因素作用下岸坡稳定和崩岸宽度变化规律。在植被生态护坡研究中，采用RipRoot模型方法，探究了不同水位时期以及降雨条件下植被种类、种植位置等因素对生态护坡的影响，表明植被根系可以通过增强土壤黏聚力与调节渗流过程增加岸坡稳定性。

本书可供从事水利水电工程设计、施工、科研等科技人员学习，亦可作为高等院校师生参考。

图书在版编目（CIP）数据

水库涉水侵蚀对岸坡稳定性影响及护坡效果研究. 上册 / 刘修水等著. -- 北京 : 气象出版社, 2024. 11.

ISBN 978-7-5029-8363-5

Ⅰ. TV697.3

中国国家版本馆CIP数据核字第2024SY6828号

Shuiku Sheshui Qinshi dui Anpo Wendingxing Yingxiang ji Hupo Xiaoguo Yanjiu(Shangce)

水库涉水侵蚀对岸坡稳定性影响及护坡效果研究(上册)

刘修水　王步新 等　**著**

出版发行：气象出版社

地　　址：北京市海淀区中关村南大街46号　　**邮政编码**：100081

电　　话：010-68407112(总编室)　010-68408042(发行部)

网　　址：http://www.qxcbs.com　　**E-mail**：qxcbs@cma.gov.cn

责任编辑：郝　汉　　**终　　审**：张　斌

责任校对：张硕杰　　**责任技编**：赵相宁

封面设计：艺点设计

印　　刷：北京建宏印刷有限公司

开　　本：710 mm×1000 mm　1/16　　**印　　张**：5.25

字　　数：106千字

版　　次：2024年11月第1版　　**印　　次**：2024年11月第1次印刷

定　　价：69.00元

本书编写组

组　　长	刘修水	王步新		
副 组 长	谢子书	尤学一	李进亮	赵　亮
参与人员	刘修水	王步新	谢子书	尤学一
	李进亮	赵　亮	周亚岐	孙焕芳
	刘正国	纪明元	康军红	邵玉恩
	张立斌	边传伟	陈占辉	金迎春
	徐世宾	任春磊	王晶磊	付金磊
	孙国亮	朱　恒	任少腾	王红利
	杨　倩	张冠楠	董智杰	刘文凯
	李金珍	李文清	朱嘉正	

序

我国是世界上水库数量最多的国家，已建成各类水库 9.83 万座，这些水库在泄洪、灌溉、供水、发电、保护生态安全以及促进农村经济发展方面发挥了重要作用。我国是农业大国、人口大国，特殊的地理条件与资源禀赋状况，使得农业综合生产能力与国家粮食安全有效供给成为国家安全的重要基石，而水库大坝安全则是保障国家水安全的重中之重。

我国病险库总量达到了 3 万多座，其中土石坝约占 95%，受当时客观条件所限，这些水库在安全运行中存在不少问题，且具有一定挑战性。随着我国水利工程项目建设数量日益增加和规模日益扩大，水库消落区边坡失稳和侵蚀问题变得越来越频繁，在水利工程运行中更加突出，这已成为威胁水库大坝安全的主要因素，因此，深入探究并解决相应问题迫在眉睫。

岸坡稳定性研究，不仅与水力学、土力学等多个学科有关，也是复杂的交叉学科问题，更是一个关系到人民生命安全和生产生活环境，以及生态质量的重要课题。

我国大中型水库消落区各有不同形状的边坡、水文、地质、气候、生态环境，进一步研究水库消落区岸坡稳定性具有现实意义。所以，应更好地了解、分析、总结边坡形成机理、变形规律，以及引起滑坡或崩岸的主要因素，在复合基础上，严谨科学研究，全面论证，重点突破，全面治理，更科学地选择岸坡设计修正标准。

面对全球气候变化、城市化等新形势，以及水安全、粮食安全、能源安全、生态环境安全等重大民生问题，把水库建设好、运用好、维护好，是当前水利人的重任，对全世界而言，又是极具挑战性的难题。很高兴看到这本书的作者较深入地探索、研究，此著作倾注了大量心血，其严谨和勇于创新的精神值得敬佩！

相信本书的出版对国内外学者均具有较好的参考价值和借鉴意义，也期望有更多的专著出版，以促进我国及世界水库大坝安全更好地发展。

中国工程院院士 王浩

2024 年 8 月

前　言

在气候变化、降雨、水位变化和风浪等多种因素的作用下，水库岸坡崩岸问题日趋严重，成为人们普遍关心的重要问题。岸坡稳定性不但直接关系到水库结构的稳定和水质健康，而且还影响着人民生命财产安全以及社会经济发展。本书在总结国内外研究现状的基础上，建立并研究了考虑主要岸坡崩岸核心影响因素的岸坡稳定性模拟模型，进一步研究植被固坡的能力和优化技术。最后，基于黄壁庄水库库区涉水土质滑坡和侵蚀的几大诱发因素，如降雨、水位变化以及风浪对岸坡稳定性的影响机理和影响程度，进一步研究生态护坡的作用；揭示了水库库岸滑坡的诱发机理，解析了降雨、水位变化与风浪对岸坡稳定性的影响机理，提出了生态护坡的优化技术和护坡效果。本书主要研究成果：

提出了一种改进的 BSTEM 模型(河岸稳定性及坡脚侵蚀模型)迭代算法。新的迭代算法可以确保各水文事件开始时，岸坡轮廓均处于稳定状态，排除失稳轮廓对水文事件作用的影响，降低了划分水文事件的精度需求，该算法适应多水文事件中的岸坡稳定性的计算需要，为长时间跨度的岸坡稳定性模拟提供支持。基于新的迭代算法和时间步长划分方案，研究还对模型中的重要参数进行了优化改进，如对坡脚顶点、岸坡稳定性临界点进行了重新分析与标准确定，对地下水滞后现象及其对岸坡稳定性的影响进行了对比分析，与实测结果对比，证明了改进算法和模型确定新标准可以更准确模拟岸坡崩岸宽度，适用于长时间连续模拟和预报。

由于作者水平有限，书中难免存在不当之处，敬请广大读者指正。

作　者

2024 年 8 月

目　　录

第1章 研究背景

我国是世界上水库大坝数量最多的国家，已建成各类水库9.8万座，这些水库在泄洪、灌溉、供水、发电、生态保护，特别是促进农村经济持续稳定发展方面发挥了重要作用。随着社会的不断发展和人们对水资源需求的不断增加，水利工程变得越来越重要。水库作为水利工程的重要组成部分，不仅具有巨大的经济和社会效益，也成为推动可持续发展的重要支撑。首先，在防洪抗旱方面，通过调节水库的蓄水和排泄水量，可以有效地控制下游河流的水位，减轻洪水的危害。据水利部统计，2023年入汛以来，长江、淮河、珠江、松辽运河、太湖流域1564座次大中型水库共拦蓄洪水207亿m^3，减淹城镇235个次，减淹耕地5.7万hm^2，避免受灾人口37.82万人次，在防洪防汛工程中发挥着不可替代的作用。其次，水库在干旱季节时可储备大量水源，为灌溉农田、供应城市的饮用水提供保障。此外，水库作为发电的重要场所，为社会提供稳定可靠的电力资源，通过引水和灌溉系统，为农田提供充足的灌溉水源，促进农作物的生长和发展，提高农业生产效益，这对于粮食安全和农村经济的发展具有重要意义。

我国病险库总数量达到了3万多座，其中土石坝约占95%，受当时客观条件所限，这些水库在安全方面存在不少问题，且是极具挑战性的难题。随着我国水利工程项目建设数量的日益增加和规模不断扩大，水库在加固治理实践中，既积累了丰富的建设经验，也出现了大量关键技术问题，研究水库消落带边坡失稳和侵蚀问题变得越来越复杂，在水利工程建设中更加突出，已成为威胁水利工程建设的主要问题之一，成为当前迫切需要研究的课题。

水库岸坡的稳定性直接关系到水库结构的稳定和水质的健康，并影响着人民生命财产安全以及社会经济发展：①水库岸坡的不稳定性容易导致岸坡滑坡、坍塌等地质灾害，对周边居民的生命财产安全造成潜在威胁，给下游区域带来巨大破坏和损失；②岸坡塌陷后土石淤积于库中，抬高了库区，减少了水库的有效库容，影响水库的蓄水与防洪效果，同时影响港口、航道的正常运行，容易造成事故；③库区生物种群和食物链都依赖于水库的岸坡环境，岸坡的稳定与否会直接影响到陆水交界带的植被分布、动物栖息和生物多样性等。当岸坡不稳定时，土壤侵蚀和岸坡坍塌会破坏植被覆盖，导致栖息地破碎化和生物种群减少，影响生态环境和水库水质的清洁与健康。

因此,对岸坡消落区稳定性问题进行深入研究,开展生态综合治理,具有重要的理论和实际意义。由于库岸边坡地质等问题的存在,水库安全管理任务十分艰巨。库岸边坡地质问题已经在全球较大范围内造成严重危害。据统计,全球每年因滑坡灾害造成约 200 亿美元的经济损失,2004—2016 年,已报告的山体滑坡事件数量达 4862 起,死亡人数超过 55000 人[1,2],同时有研究表明,目前统计的滑坡灾害所造成的伤亡与损失仍被严重低估[3]。国内外发生的多起库岸坍塌事件,给人类带来了极大损失[4]。如 1963 年 10 月 9 日意大利瓦依昂水库,在库水位上升至 700 m 高程时,左岸距大坝 1.8 km 处发生 2.5 亿 m^3 的巨型滑坡,滑坡以 25～30 m/s 的速度顺层下滑进入水库,引起涌浪超过坝顶 150～250 m,约有 3000 万 m^3 的水量宣泄而下,致使一村庄被毁,近 3000 人死亡;1959 年湖南柘溪水库,在蓄水初期大坝上游右岸 1.5 km 处发生了塘岩光大滑坡,165 万 m^3 土石以高达 25 m/s 的速度滑入深 50 m 的水库中,引起高达 21 m 的涌浪,库水漫过尚未完工的坝顶泄向下游,造成巨大的损失;2003 年 7 月,发生在湖北省秭归县的千将坪高速滑坡,滑坡方量达 3000 万 m^3,死亡 24 人,并摧毁大量房屋、农田及渔船。此外,还有龙羊峡库区滑坡、长江三峡地区云阳县城下游长江北岸的鸡扒子塌岸等,都造成了不同程度的损失。

岸坡稳定性研究不仅是与土力学、水力学等多个学科有关的复杂交叉问题,更是一个关系到人民生产生活安全和环境生态质量的重要课题。因此,对水库消落带岸坡稳定性的影响因素进行深入研究意义重大。通过进一步研究水库岸坡的稳定性,可以更好地了解岸坡的形成机理、变形规律以及引发滑坡或塌岸的主要因素,更科学地选择岸坡的设计方案、采取相应的防护措施,提高水库岸坡的安全性和稳定性。同时,深入研究水库岸坡的稳定性还可以帮助预测和评估潜在的灾害风险,及时采取相应的预防和应对措施,减少灾害造成的人员伤亡和财产损失,对保障人民的生产生活安全具有重要意义。

第 2 章　国内外研究现状

2.1　岸坡侵蚀的危害与成因

岸坡侵蚀是广泛存在的自然现象，由此引发的岸坡崩塌、岸线后撤、河流改道等现象在世界范围内频繁发生：美国的河道总长度约为 560 万 km，其中有 80 万 km 长的岸线发生侵蚀（包括崩岸），约占总长度的 14.3%[3]；在美国中西部的黄土区域，来自堤岸的物质在冲刷河道过程中贡献了总冲积物的 80%[4]；布拉马普特拉河每年河道宽度的变化范围在 50～1100 m[4]；其他国家也均存在不同程度的岸线崩塌[5]。

我国普遍存在崩岸的现象[6]。1958—2008 年，黄河宁夏—内蒙古段的岸坡被侵蚀了 518.38 km^2[7]；2013 年，珠江流域局部地区出现崩塌、滑坡、泥石流等山洪地质灾害，致使河道输沙量增加，局部河段河床形态改变[8]。

迄今为止，岸坡侵蚀与崩塌已经在当地和下游地区引发了重大社会、经济和水环境问题。例如，洪水引发的交通瘫痪、村镇企业及耕地损失[9,10]、河床演变[11-13]和水质污染[14,15]等。因此，长期以来，岸坡侵蚀及其产生的崩岸、岸线后撤的相关研究一直是国内外学者共同关注的重要课题。

Simon 等[4]提出，岸坡侵蚀的速率取决于岸坡的抗剪强度以及作用于岸坡的重力和水力，这些驱动因素受到岸坡土质结构、孔隙水压力、岸坡轮廓的形状、河道演化、植被种类和密度、水位、水体流态、河道比降、气候的影响。由河水剪应力引起的岸坡侵蚀易使岸坡上部的岩土结构受重力作用而发生地质力学破坏，形成崩岸，进而导致岸线后撤[16]。因此，岸坡侵蚀和崩岸互相作用导致了彼此的发生和演化。基于这样的力学过程，研究人员建立了冲刷侵蚀—断面崩塌—河道形态调整的多尺度耦合数学模型[17]。

导致岸坡侵蚀的方式主要有：陆上弱化作用及其他的风化过程、水流侵蚀、岩土工程破坏，因此，岸坡侵蚀过程和速率往往随着空间和时间的变化而变化[18]。人为影响侵蚀的例子包括渠化、修建水坝和堤坝、森林砍伐、疏浚、人为引起的气候变化、城市化和将土地转换用于农业用途等[19]。

2.2 边坡稳定性分析方法

边坡稳定性分析是岩土工程研究的一项重要内容,相关学者对于边坡的稳定性分析进行了长期深入研究,得到了很多较为成熟的理论。最早提出的边坡稳定性分析方法是极限平衡法,也是工程中经常采用的计算方法。20 世纪末期,随着计算机信息技术的快速成熟,极限平衡有限元法等数值分析法逐渐发展起来并不断完善。

最早提出的方法是瑞典条分法(Felenius 法),在进行边坡稳定性分析过程中,该方法忽略了土条两侧的条间力,所以计算结果不够精确,得到的安全系数偏小[5]。1955 年,在 Felenius 法的基础上提出了 Bishop 简化法(毕肖普法),该方法考虑了土条间的法向作用力,忽略了条间的切向力,相比于瑞典条分法,这种算法更为合理,但也存在一定的局限性,比如不适用于任意形状的滑裂面,且得到的计算结果不够精确。随后,基于 Bishop 简化法分别提出了 Janbu 简化法(简布法,1954 年)和 Sarma 法(萨尔玛法,1979 年)等边坡稳定性评价方法,这进一步提高了安全系数的计算精度[6]。各个极限平衡法的特点及假定条件如表 2-1 所示。对于极限平衡法,相关学者已经进行了很长一段时间的研究,理论框架已颇为完善。鉴于极限平衡法的计算过程简便分明,能够快速算出边坡的潜在滑动面以及对应的稳定性系数,因此得到了广大工程人员的认可。

表 2-1 各极限平衡法的特征及假定条件[5]

极限平衡法	是否满足力矩平衡	是否满足静力平衡	土条间受力性质
Felenius 法	是	否	不考虑土条之间的作用力
Bishop 简化法	是	否	只考虑土条之间的水平作用力
Janbu 简化法	否	是	只考虑土条之间的水平作用力
Lowe-Karafiah 法(罗威-卡拉菲亚法)	否	是	假设土条顶部和底部倾角的平均值为条间力的倾角
不平衡推力法	否	是	对土条间合力的方向作出假设
Spencer 法(斯宾塞法)	是	是	假设土条之间水平与垂直作用力的比值为常数
Morgenstern-Price 法(摩根斯坦-普赖斯法)	是	是	假设土条之间的法向力与切向力满足关系式:$X=E\lambda f(x)$;X 为条间剪切力,E 为条间法向应力,λ 为待定常数,$f(x)$为条间作用力函数
Sarma 法	是	是	假设土条侧向力的大小满足关系式:$X=C+E\tan\varphi$;C 为土体的黏聚力,φ 为内摩擦角

近年来，随着计算机技术的发展，各类工程计算软件在解决岩土工程问题中发挥着越来越重要的作用，其中，数值模拟类软件通过将实际的工程条件建立成等比例的物理模型，不仅将岩土工程问题中的复杂介质和边界条件简化，而且将计算结果以图片和表格的形式输出，能够直观地反映出岩土体的变形和受力特征，计算快捷准确，在解决边坡问题中的应用越来越广泛。数值分析方法在边坡工程中的应用最开始只是单一线性分析，将岩土体定义为弹性介质，把复杂的岩土体结构简化为数值模型，并且赋予岩土体实际的物理力学参数和边界控制条件，依靠胡克定律来模拟边坡在外力作用下的位移趋势和应力—应变关系，实际上绝大多数的岩土体并不是理想的弹性材料，所以简单的单一线性分析结果和实际情况存在差异，经过无数学者对数值模拟程序的改进，增加了塑性、弹塑性等本构关系，最初的单一性分析也变为非线性分析、非线性耦合分析等，大大地提高了数值模拟方法的准确度。

数值模拟中被广泛应用的计算方法包括有限元法、离散元法、有限差分法等方法。

(1)有限元法把连续体划分成有限数量的单元，再将其集中起来求解，能够准确地分析各种性质材料的应力—应变问题，但其仅适用于连续介质的小变形问题，对于大变形问题的计算结果与实际值相差较大。对边坡发生变形过程中的应力场分布规律进行分析，求得了边坡的安全系数。用不同的结构模型在不同地区进行边坡稳定性分析，有效地消除了有限元分析中的边界效应，证明了有限元对于边坡稳定性分析具有一定的可行性。

(2)离散元法把连续体划分为离散的固体颗粒模型，进行颗粒行为的分析，是一种显式求解的数值方法，具有很高的求解精度，但由于其固体颗粒数量较多，计算过程较为复杂。由对应的边坡块体的速度矢量确定滑动面和边坡的破坏形态，为复杂节理岩质边坡的滑动面确定与安全系数计算开辟了新的途径。考虑坡体结构面与变形对潜在滑坡稳定性的影响，在离散单元数值模拟的基础上，采用矢量和法安全系数对边坡稳定性进行分析。将实验与 UDEC(通用离散单元法程序)的模拟相结合，得出板岩边坡的破坏机理。

(3)有限差分法通过求解差分方程的方式得到连续方程的近似解，其程序简单、计算快速，代表性软件为 FLAC(快速拉格朗日分析程序)。利用 FLAC 3D(三维快速拉格朗日分析程序)计算三峡船闸高边坡开挖过程的应力、变形和稳定性，证明了该高边坡是稳定的；用 FLAC 分析震动对分阶段开挖高边坡的影响，证明了在该工况下支护工程可以增加边坡稳定性。

数值模拟方法在经历了许多年的发展和改进后，在解决边坡稳定性问题方面具有很大优势。常用的边坡数值模拟软件有 ABAQUS(有限元分析软件)、FLAC、BSTEM 模型(河岸稳定性及坡脚侵蚀模型)、GEO-SLOPE(岩土边坡稳定性分析软件)等,也有部分研究人员使用自编译求解器进行求解。各种数值模拟方法对比及对应的软件如表 2-2 所示。

表 2-2　各种数值模拟方法对比[6]

分析方法	优点	缺点	软件
有限元法	通用性强、适用于不同的地质体和边界条件,能把加载路径和非线性本构模型纳入分析中	对于大变形问题和位移不连续等问题仍然不能很好地求解	ANSYS(安世亚太)、ABAQUS、GEO-SLOPE
离散元法	适用于不连续介质,尤其是对节理岩体的分析效果较好	在阻尼的选取和迭代计算的收敛性方面存在较大问题	UDEC、PFC(颗粒流程序)
有限差分法	适用于求解非线性大变形,求解速度快	在处理边界、单元网格划分带的计算方面具有较大的主观性	FLAC

2.3　降雨对岸坡稳定性的影响

目前,与边坡稳定性相关的国内外研究主要关注了不同工况对岸坡稳定性的影响,这些变化改变了坡岸岩土体的物理性质与化学性质,进一步使土体强度及其他力学参数受到影响,进而影响岸坡稳定性。

降雨会对边坡稳定性产生削弱作用,强降雨的削弱作用则尤为明显。降雨通过增大边坡内非饱和区土体含水量,使土体重度增加,降低边坡内部基质吸力和滑动面土体抗剪强度。降雨诱发边坡失稳的机理一直是地质灾害研究的核心,国内外学者从不同的视角对其开展了大量有益的研究工作[15-30]:利用非饱和土水分运动理论研究降雨入渗对边坡稳定性的影响;以三峡库区几个典型滑坡为实例,研究降雨诱发滑坡机制;通过二维流固耦合有限元分析探讨降雨入渗条件下非饱和边坡失稳机理;运用非饱和土力学理论、饱和—非饱和渗流理论系统研究了降雨诱发滑坡机制;通过意大利北部几个典型滑坡案例,研究降雨诱发浅层滑坡的触发机理;通过离心模型试验,研究降雨条件下含软弱夹层的黏性土坡稳定性问题;基于修正 Green-Ampt 入渗模型(格林-安普特入渗模型),分析强降雨作用下浅层边坡下部湿润锋面受力情况,讨论气压对湿润锋下移的阻碍作用以及对入渗率的影响,进而调查封闭气压力对边坡稳定性的影响;基于 Green-Ampt 入渗模型,建立考虑饱和渗透系数变异性的雨水入渗—重分布模型，发现湿润锋深度直方图在雨水入渗和再分布阶段呈现明显的双峰特征；采用 MCS 方法（蒙特卡洛模拟方法）研究考虑土体饱和渗透系数变异性的强降雨条件下基岩型层状边坡可靠度问题；以山村滑坡为例，探讨降雨诱发大型边坡失稳破坏机理；以 2014 年印度 Malin（马利恩）滑坡工程为案例，研究考虑土体渗透系数和抗剪强度参数不确定性的降雨诱发滑坡机理；探讨饱和渗透系数的变异系数、降雨持时和降雨强度对边坡破坏概率以及破坏发生时间概率分布的影响；通过室内实验研究降雨条件下浅表层黄土滑坡变形破坏规律、滑坡破坏模式及诱发机理；分析持续强降雨和台风降雨条件下残积土层滑坡灾害的形成机理；采用有限元模拟降雨对岸坡稳定性的影响，发现降雨过程岸坡安全系数先减小后增大；使用软件模拟分析，得出气候变化引发的降雨强度增加将导致边坡不稳定性增加，进而增加边坡灾害概率的结论。虽然降雨诱发边坡失稳机理的研究较多，但是考虑降雨过程的边坡失稳模拟研究仍非常有限，亟待深入研究。

2.4 风浪对岸坡稳定性的影响

风浪是指水体在风力作用下自风获得能量而形成发展的波浪。风浪侵蚀是引发无保护土质岸坡失稳的主要因素之一。在风浪侵蚀过程中，岸坡形成许多孔洞或垂直面，上层土块失去支撑，处于悬浮状态。在重力和气候的作用下，土块将迅速下落，下落后被海浪反复拍打、冲散，然后被水流带走[31]。对美国阿肯色州 2013—2015 年风浪侵蚀造成的农田灌溉水库堤岸边坡破坏情况进行调查，结果表明，所调查的 148 座水库的 584 个同质堤段中，有 79％的堤段遭受了不同程度的风浪侵蚀破坏[32]。

大中型平原水库水面十分开阔，由于地势平坦且缺乏自然遮挡物，这些地区风的吹袭范围较大，在风力持续的作用下容易引发土质岸坡的波浪侵蚀破坏[33]。波浪对岸坡的侵蚀是一个动态的作用过程。首先，波浪击打在岸坡上产生冲击力，导致土体颗粒松动和剥落。随后，波浪的反复冲刷和搬运作用将被剥落的土质物质带走，加剧了岸坡的侵蚀。这种侵蚀过程会导致岸坡表面的土层被剥离，进一步暴露出更脆弱的土体，岸坡在持续的波浪侵蚀和水流物质搬运的双重作用下，滑坡和崩塌的风险较大[34]。

传统的岸坡塌岸预测方法包括卡丘金图解法和卓洛塔寥夫图解法等[35,36]，许多学者在此基础上提出了两段法[37]、冲堆平衡法[36]等预测方法，这些方法主要用于预测塌岸的最终位置。风浪对岸坡稳定性的影响研究主要集中在利用实地观测、物理模型试验、数值模拟等方法探究风浪对岸坡的水动力作用[38-45]：实地观测北大西洋风暴期间岸坡形态的变化,发现侵蚀呈季节性分布 90%的侵蚀发生在风浪较强的冬季;通过实验模拟风浪对岸坡的侵蚀,结果表明,侵蚀的增加与波浪功率的增加是一致的,波浪对土壤施加的剪切应力是导致侵蚀的决定性因素;波浪作用下岸坡侵蚀物理模型试验,结果表明,土壤干密度越大,砾石含量越高,岸坡的抗侵蚀能力越强;使用 WAVE 模型(水波模型),基于实测风数据和 GIS(地理信息系统)数据,预测整个水库岸线上的波浪侵蚀风险大小,得出风浪侵蚀高风险地区位置;建立风浪侵蚀下岸坡退缩的力学模型,并通过实地观测和有限元法进行验证,结果表明,岸坡的崩塌和后退随风浪侵蚀过程呈周期性变化。传统的塌岸预测方法主要关注了塌岸的终止状态,这些方法对风速场参数以及崩岸过程关注较少,难以充分体现风浪作用下塌岸过程的阶段性特征。目前研究主要集中在对实测侵蚀情况的分析和实验模拟风浪侵蚀,无法根据实际风速场和岸坡参数计算岸坡侵蚀过程。

2.5 植被生态护坡对岸坡稳定性的影响

为了防范岸坡侵蚀和崩岸对人民生产生活带来的危害,护坡工程一直是必不可少的基础设施建设工程。然而,随着人们对保护生态系统认识的提高,施工过程中的环境污染和破坏导致基础工程建设与环境保护之间的矛盾日益突出。由于植被根系具有涵养水源、固结土壤的特点[46],植被护坡工程技术再次引起了人们的广泛兴趣[47]。植被护坡历史悠久,早在 1951 年我国就用柳树对边坡进行加固和防护[46]。相较于传统的土木工程护坡,生态护坡不仅保障了边坡的稳定以及自然生态环境景观,而且还具有明显的经济效益[48-54]。

尽管较多岸坡稳定技术已经存在了几个世纪,但其成功程度却因研究场地的位置、条件、设计者的巧思以及相似点位的成功经验等因素而存在差异[55]。现有的研究多因地制宜,针对特定区域特点,设计护坡方案。Tang 等[56]通过分析抗压强度和抗拉强度,并对比其他相关研究,认为植被混凝土技术非常适用于澳大利亚的护坡工程。Enlow 等[30]采用 CONCEPTS 模拟技术(概念模拟技术)对一段长达 10.25 km 的河段进行模拟,计算坡度控制、抛石护趾和植被护坡等稳定技术的护坡效果,研究结果表明,采用多种稳定技术可能导致更高的泥沙负荷。胡蝶等[57]在湖北省荆州市进行了生态护坡研究,旨在探寻一种能够提高植被混凝土草坪使用寿命的冷暖草种搭配方案,并推导出冷季型草种和暖季型草种在植被混凝土上的空间分布格局,结合各混播模式的综合表现和实际播种选定最佳的播种组合。

研究表明,在植被生态边坡工程中,植被通过两种机制影响岸坡的稳定性,包括改变边坡的水文条件，以及用植物根系对土壤进行机械加固[42]，目前的研究主要集中在这两个方向上。

在对植被护坡的力学机理的研究中，研究者们认为植被根系中短根的加筋作用和长根的锚固作用是植被护坡的关键[36,50]。黄晓乐等[51]通过实验证明，根系加筋作用可以使黏性土的黏聚力增加 1～3 倍，从而增加黏性土的稳定性。在根—土复合体中，一些特殊植被的根部能够释放黏性物质，从而增加边坡土体的黏聚力[52]；此外，植被的主根上有许多须根，能够增加边坡土体的内摩擦角[53]，从而大大增加土体的抗剪强度[54]。

边坡水文条件的变化是导致浅边坡破坏最常见的触发机制之一。当土壤含水量增加时(例如降水事件或融雪的渗透)，孔隙水压力会上升，从而导致土壤黏结力下降。这种情况下，土壤的抗剪强度会减弱，边坡更容易发生破坏。研究表明，植被通过根系水分吸收和蒸腾作用影响边坡的水文条件，从而影响岸坡稳定性[43]。

在降雨期间，植被降低了土壤含水量，也降低了降雨事件导致边坡破坏的可能性[44]。植被在某些情况下会对岸坡稳定性产生负面影响。研究表明，植被可以导致岸坡土体渗透性增加，随后导致土壤含水量增加，土壤黏附力降低，并可以超过根系的积极稳定作用，在这种情况下，植被会对边坡稳定性产生负面影响[45]。

植被在岸坡处于不同水文阶段下的护坡效果不尽相同。唐瑞泽等[58]以塔里木河为研究对象，采用 BSTEM 模拟了 6 种典型荒漠植被在两个水文年期间对岸坡冲刷过程的定量影响，结果表明，植被根系在各水文时期对岸坡稳定性的提升效果依次为：洪水期＞涨水期＞枯水期＞落水期。

由于植物根系和土壤之间的作用机理复杂，同时植被护坡对抗侵蚀的效果在空间上存在异质性，现有的研究大多对根—土复合体进行简化，重点关注植被种植在单一点位的效果，对植被种植在岸坡不同位置的护坡效果需进一步分析。

第3章　研究内容

本研究对岸坡模拟模型进行了优化。依据黄壁庄水库数据，对库区消落区岸坡和侵蚀的几大诱发因素——降雨、水位变化以及风浪开展研究，通过研究探究了生态护坡的作用，全面揭示土质滑坡的诱发机理，掌握降雨和风浪中的渗流规律及其对滑体稳定性的影响。使用Geostudio（岩土工程分析）软件建立黄壁庄水库岸坡模型，在降雨、风浪等工况下，分析岸坡的稳定性与侵蚀情况。具体研究内容：

（1）提出了一种改进的BSTEM迭代算法。新的迭代算法确保了各水文事件开始时，岸坡均处于稳定状态，排除了起始岸坡失稳带来的虚假崩岸问题，放宽了水文事件划分的小步长要求，更适应多水文事件中的岸坡稳定性计算需求，大大提高了长时间岸坡稳定性模拟效率，缩短了计算时间。基于新的迭代算法和时间步长划分，提出了影响崩岸过程的重要参数，诸如TT（坡脚顶点）、*Fs*（岸坡稳定性）临界点等的有效确定方法，提高了崩岸过程模拟的可靠性和精度。

（2）基于研究区域地形、土壤、气候等相关数据，使用Geostudio软件的SEEP/W模块和SLOPE/W模块，建立水库岸坡模型，为岸坡稳定性与崩岸过程模拟提供依据。

（3）在改进Green-Ampt模型和改进Philip入渗模型（菲利普入渗模型）的基础上，利用地表理论积水时间、地表实际积水时间和地表平均积水深度等参数，求解岸坡降雨入渗时空分布，并运用SEEP/W、SLOPE/W模块，计算黄壁庄水库典型岸坡在不同降雨条件下的雨水入渗过程，研究了不同降雨强度、降雨时长等因素对岸坡稳定性的影响规律。

（4）依据水库实际水位变化和诱发的地下水位变化，建立水库水位变化下的岸坡稳定性分析模型。使用有限元方法，模拟了水库水位升降和地下水滞后现象对岸坡渗流和稳定性的影响规律。

（5）建立风浪作用下岸坡侵蚀与崩岸计算模型。结果与黄壁庄水库实测数据符合较好，验证了模型准确性。

（6）考虑水库水位变化和降雨条件，采用RipRoot模型（根系固土力学模型）方法和根—土复合体等效介质方法，模拟分析了植被护坡形式对岸坡渗流和稳定性的影响，研究了黄壁庄水库不同护坡植被种类和布局对岸坡保护的效果，指明了各植被护坡方案的护坡能力。

第4章 研究区域概况

4.1 黄壁庄水库

黄壁庄水库位于河北省鹿泉市黄壁庄镇附近的滹沱河干流上，位于河北省会石家庄市西北约30 km，是海河流域子牙河水系两大支流之一。滹沱河中下游重要的、控制性的大型水利工程，以防洪为主，兼顾城市用水、灌溉、发电等综合利用的大(Ⅰ)型水利枢纽工程。总库容12.1亿 m^3，与上游岗南水库联合控制流域面积23400 km^2，占滹沱河流域面积的95%。黄壁庄水库工程位置详见图4-1。

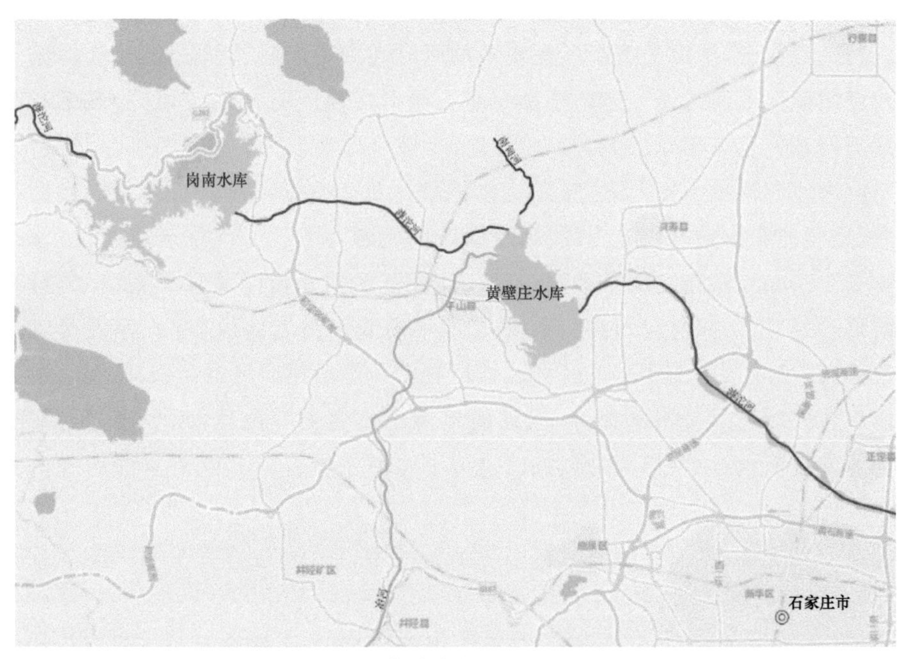

图4-1 黄壁庄水库工程位置图

黄壁庄水库始于1958年动工兴建，1959年拦洪，1960年蓄水，期间经历了1963年特大洪水后，于1965—1968年进行扩建，1999—2005年进行除险加固工程，工程完工后防洪标准达到部颁万年校核标准。该水库任务主要以防洪为主,同时亦为城市供水、灌溉、发电,并保护生态,特别是对促进农村经济可持续发展等发挥了重要作用。黄壁庄水库的特征库容及特征水位指标为:总库容 12.1 亿 m^3,防洪库容 7.36 亿 m^3,兴利库容 3.77 亿 m^3,死库容 0.69 亿 m^3,死水位 111.5 m,起调水位 114 m,正常蓄水位 120 m,设计洪水位 125.84 m,校核洪水位 128 m。该水库主要由主坝、副坝、正常溢洪道、非常溢洪道、新增非常溢洪道、电站重力坝、灵正渠涵管及电站等建筑物组成。

4.2 河流水系

滹沱河水系发源于山西省繁峙县五台山北麓,全长 587 km,其中,山西省境内 330 km,河北省境内 257 km,总流域面积 24690 km^2。滹沱河支流繁多,干流左岸主要有峨河、峪口河、清水河、营里河、御甲河、柳林河、文都河、郭苏河、南甸河;干流右岸有阳武河、云中河、牧马河、南坪河、龙华河、乌河、冶河,冶河为流域最大支流。滹沱河流经山西省代县、原平市及忻定盆地之后,在盂县活川口进入河北省平山县。滹沱河经岗南水库、黄壁庄水库,于石家庄市穿京广铁路、107 国道、京深高速经正定县、无极县、晋州市、深泽县、安平县,并在饶阳县大齐村进入泛区,至献县枢纽与滏阳河及滏阳新河汇流入子牙河。子牙河经天津市海河干流入海,1967 年从献县起新辟子牙新河东行至马棚口入海。

冶河为滹沱河最大支流,直接汇入黄壁庄水库,流域面积 6420 km^2。冶河有两大支流,分西支和南支。西支为绵河,发源于山西省寿阳县土经岭,全长 96.4 km,流域面积 2747 km^2,分支主要有桃河、温河,其径流主要是娘子关泉群溢出水量;南支为甘陶河,发源于山西省昔阳县沾土岭,全长 128 km,流域面积 2564 km^2,分支主要有柑赵河、赵壁河。两支流在井陉县北横口相汇后称冶河。冶河河长 36 km,冶河入黄壁庄水库控制站为平山水文站,在北横口至平山之间有金良河、小作河、回舍河、清水沟等支流汇入,以小作河为最大。

4.3 水文气候

滹沱河流域属大陆性季风气候,冬季寒冷干燥,夏季炎热多雨。气温变化相对较大,主要趋势为由东向西逐渐降低,多年平均气温一般保持在 4.1～12.9 ℃,最高气温发生在 6—7 月,极端最高气温约 43 ℃,极端最低气温－44.8 ℃,发生在 1—2 月。

黄壁庄水库流域多年平均风速 2.2 m/s,最大风速 21.5 m/s。夏季主要受东南风影响，冬季则主要受西北风控制。图 4-2 为根据气象站监测数据绘制的风玫瑰图，展示了部分年份不同风向下风速的分布情况。

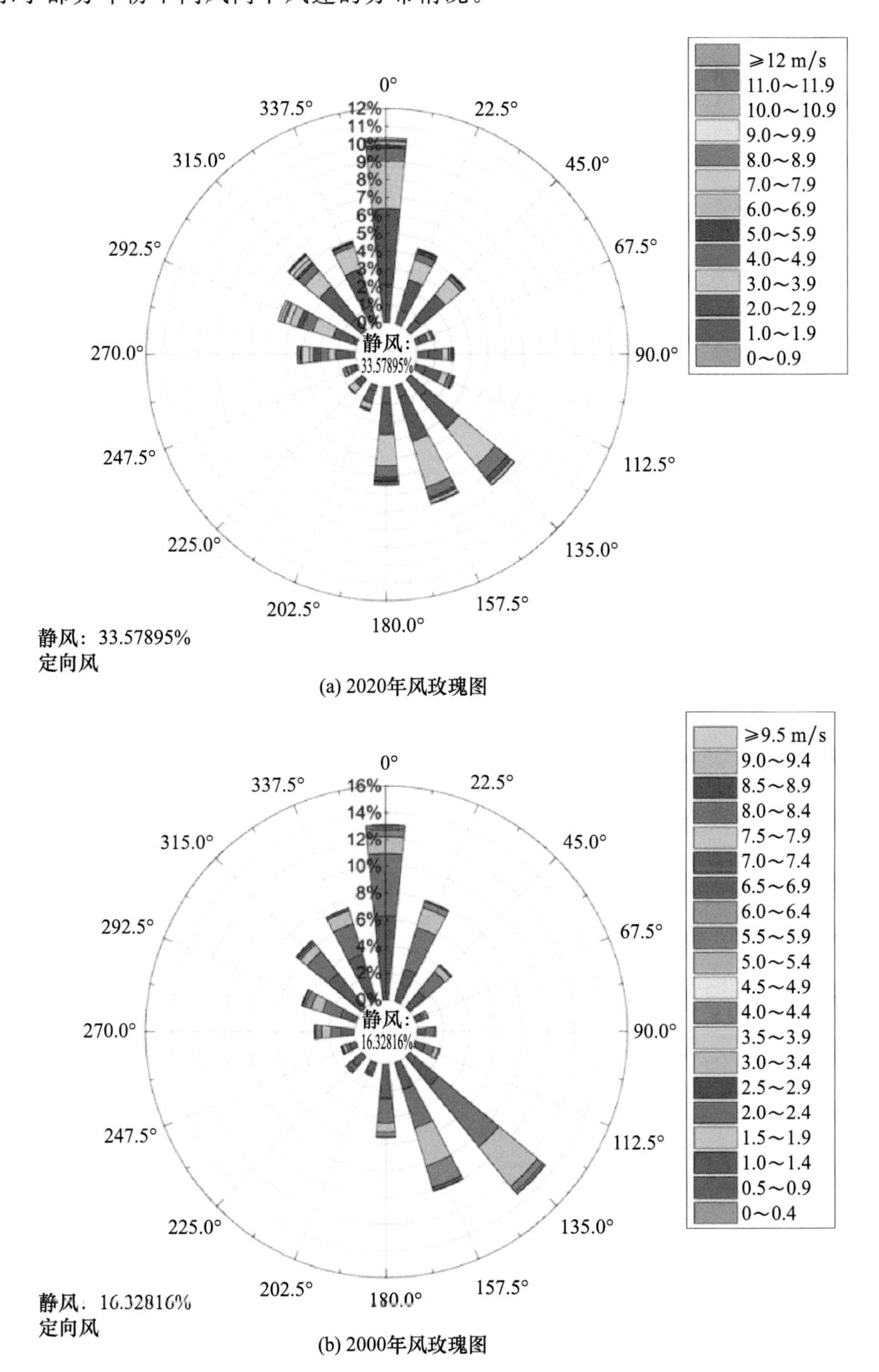

(a) 2020年风玫瑰图

(b) 2000年风玫瑰图

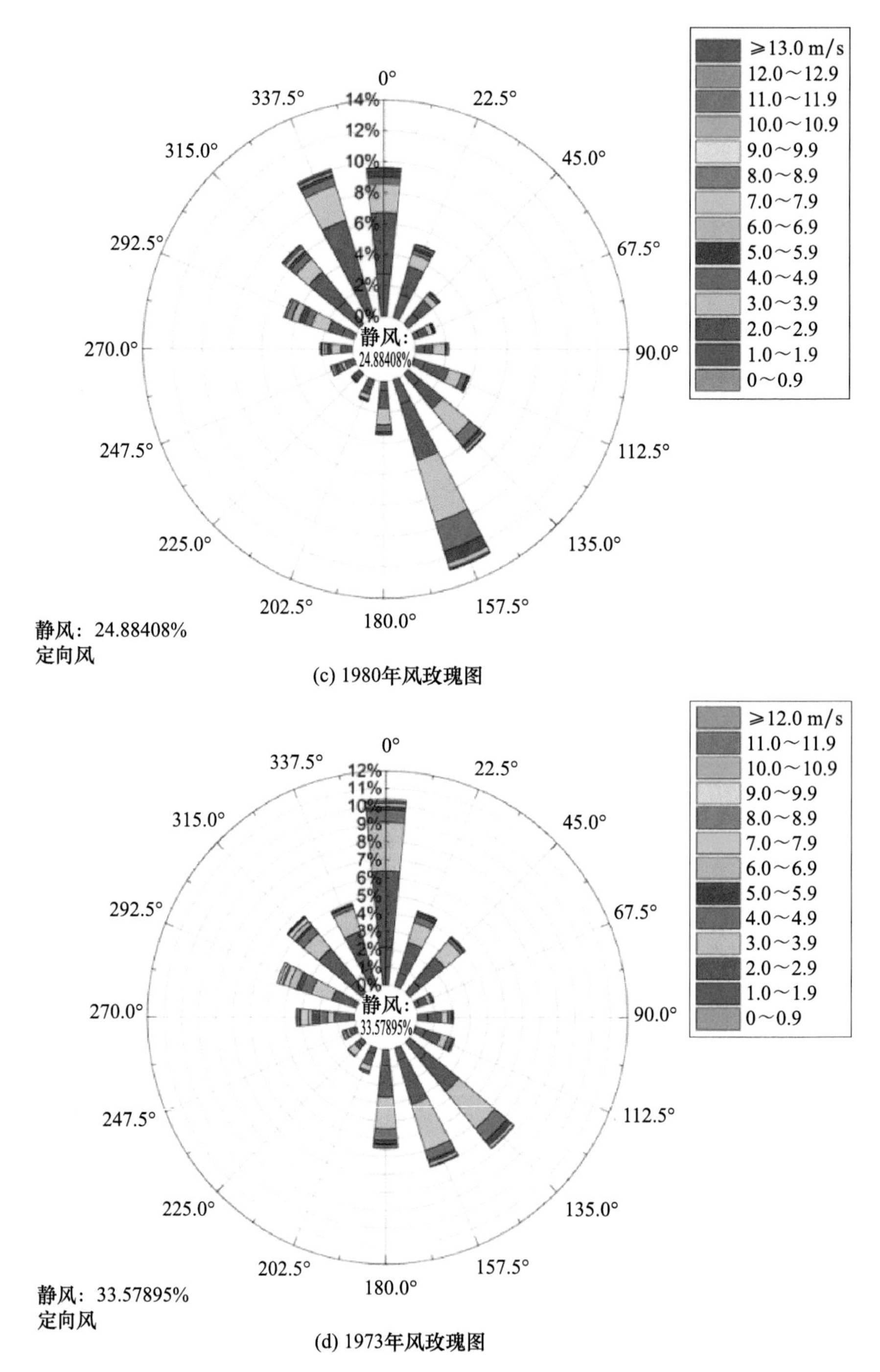

(c) 1980年风玫瑰图

(d) 1973年风玫瑰图

图 4-2 黄壁庄水库地区部分年份风玫瑰图

黄壁庄水库流域湿度在地区上变化不大，多年平均相对湿度55%～67%，夏季相对湿度较大，达70%～80%，春秋季较小，为50%～60%。流域蒸发量东部相较于西部较大，多年平均蒸发量一般为599～1239 mm。

黄壁庄水库流域雨量年内分配不均匀，多年平均雨量大部分(约75%)集中在汛期。雨量的大小在地区上存在较大差异，由狮子坪向东、向西地区逐渐减少，多年平均雨量约542.1 mm，繁峙为399.2 mm。流域雨量年际变化较大，狮子坪1956年年雨量1390.1 mm，但1972年仅为264.0 mm，相差约5倍之多。

第 5 章　研究模型简介

5.1　Geostudio 模型

20 世纪 70 年代，Fredlund 教授等通过大量研究，开发出了 GeoStudio 数值模拟软件，主要面向岩土、采矿、水利、地质等领域。经过多年开发与实践，该软件已经成为解决岩土工程方面问题的主要专业软件。目前版本主要包含 8 大模块，即 SLOPE/W、SEEP/W、SIGMA/W、QUAKE/W、TEMP/W、CTRAN/W、AIR/W、VADOSE/W 等。这些模块几乎可以模拟所有的岩土问题，最常见的边坡稳定性分析问题、地下水渗流问题等[46]。

本研究主要采用其中的 SLOPE/W 和 SEEP/W 模块。其中，SLOPE/W 模块是基于极限平衡理论用于边坡稳定性计算而开发的一种模拟分析模型。SEEP/W 模块是基于有限元方法，用于解决土体渗流方面问题的模型。同时，SLOPE/W 模块能与 SEEP/W 模块结合，亦可解决较多问题。SEEP/W 模块和 SLOPE/W 模块结合，可以在本研究基础上对边坡在降雨等条件下所导致的孔隙水压力变化后的边坡稳定性进行模拟。

该软件计算岸坡稳定性的主要原理为极限平衡法与有限元方法，其极限平衡法是建立在静力平衡基础之上，以摩尔-库伦强度准则（Mohr-Coulomb 准则）为判断标准的。摩尔-库伦强度准则如公式(5-1)所示：

$$\tau_f = c' + \sigma' \tan\varphi' = c' + (\sigma - u)\tan\varphi' \tag{5-1}$$

式中：τ_f 为破坏面上的剪应力(kPa)；c' 为土体的有效黏聚力(kPa)；σ' 为破坏面上的有效法向应力(kPa)；φ' 为土体的有效内摩擦角(°)；σ 为破坏面上的总应力(kPa)；u 为孔隙水压力(kPa)。

极限平衡法的核心思想是：假设边坡的稳定安全系数为 F，当土体的抗剪强度指标（c'、$\tan\varphi'$）降低 F 倍后，边坡内某一最危险的滑移面处于极限平衡状态，如公式(5-2)所示：

$$\tau = c'_e + \sigma'_n \tan\varphi'_e \tag{5-2}$$

式中：τ 为整个滑移面的抗剪强度(kPa)，$F=\dfrac{\tau}{\tau_f}$；c'_e 为滑移面土体有效黏聚力(kPa)，$c'_e=\dfrac{c'}{F}$；σ'_n 为滑移面上的有效法向应力(kPa)；φ'_e 为滑移面土体的有效内摩擦角(°)，$\tan\varphi'_e=\dfrac{\tan\varphi'}{F}$。

在 Geostudio 软件中，有以下几种常用的计算方法可以选择。

(1)瑞典条分法。瑞典条分法又称费伦纽斯(Felenius)法，假定滑动面为圆弧，不考虑条块间力的作用，即假定条块间力的作用均为零。由于忽略了条间力，瑞典条分法计算得出的安全系数偏小，在圆弧中心角加大和孔隙水压力较大时，计算的安全系数误差较大。其优点是能够写出关于安全系数的显示表达式，计算简便。瑞典条分法的基本计算如公式(5-3)所示：

$$Fs=\frac{M_{\mathrm{R}}}{M_{\mathrm{T}}}=\frac{\sum\left[W_i\cos\alpha_i\tan\varphi_i+c_i l_i\right]}{\sum W_i\sin\alpha_i} \tag{5-3}$$

式中：Fs 为安全系数；M_{R} 为滑移面上土条抗滑力矩之和(kN·m)；M_{T} 为滑移面上土条滑动力矩之和(kN·m)；W_i 为第 i 块土条的重量(kN)；α_i 为第 i 块土条剪切面与水平面的夹角(°)；φ_i 为第 i 块土条滑动面的内摩擦角(°)；c_i 为第 i 块土条的黏聚力(kPa)；l_i 为第 i 块土条的滑弧长(m)。

(2)Bishop 简化法。Bishop 简化法在瑞典条分法的基础上，考虑了土条间的法向作用力，忽略了切向力，且条间力是成对出现的，即作用力与反作用力，它们大小相等、方向相反，在求和时相互抵消，所以 Bishop 简化法得到的整体力矩平衡方程与瑞典条分法相同。Bishop 简化法采用了圆弧滑动面，对于土质比较均匀的边坡，计算结果是比较精确的，其缺点是不能用于任意形状的滑动面。Bishop 简化法的基本计算如公式(5-4)所示：

$$Fs=\frac{\sum\left[\dfrac{(W_i-u_i b_i)\tan\varphi_i+c_i b_i}{\cos\alpha_i+\tan\varphi_i\sin\alpha_i/Fs}\right]}{\sum W_i\sin\alpha_i} \tag{5-4}$$

式中：Fs 为安全系数；W_i 为第 i 块土条重量(kN)；u_i 为第 i 块土条的孔隙水压力(kPa)；b_i 为第 i 块土条的宽度(m)；φ_i 为第 i 块土条滑动面的内摩擦角(°)；c_i 为第 i 块土条黏聚力(kPa)。

(3)Janbu 简化法。Janbu 简化法假定各土条间推力的作用点连线为光滑连续曲线，称为“推力作用线”。Janbu 简化法对滑动面的形状不做假定，可以用于任意形状滑动面，所以也称为普遍条分法，或者通用条分法。Janbu 简化法的基本计算如公式

(5-5)所示：

$$Fs=\frac{\sum\cos\alpha_i[c_il_i+(N_i-u_il_i)\tan\varphi_i]}{E_b-E_a+\sum N_i\sin\alpha_i} \tag{5-5}$$

式中：Fs 为安全系数；N_i 为第 i 块土条底部滑动面上的法向反力(kN)；E_a、E_b 分别为滑体左、右两端的边界值(kN)。

(4)Morgenstern-Price 法。Morgenstern-Price 法给出了条间合力的作用位置，但改变了条间合力的作用方向，以求得最佳解和满足滑动面法向力和滑动面方向力的平衡及对底滑面中点的力矩平衡。Morgenstern-Price 法属于严格条分法范畴，该方法的原理为同时分析任意可能滑移面，推倒满足力与力矩平衡条件的微分方程式，以水平方向为条块间作用力方向，通过整体平衡条件进行求解。该方法满足公式(5-6)：

$$X=E\lambda f(x) \tag{5-6}$$

式中：X 为条间剪切力(kN)；E 为条间法向应力(kN)；λ 为待定常数；$f(x)$ 为条间作用力函数。

(5)Spencer 法。Spencer 法可以用于任意形状滑动面，它假定土条间的切向力与法向力之比，即条间力的合力的方向为常数，如公式(5-7)所示：

$$X_i/E_i=\tan\beta=\lambda \tag{5-7}$$

式中：X_i 为条间剪切力(kN)；E_i 为条间法向应力(kN)；λ 为待定常数；β 为条间合力的倾角。

与 Janbu 简化法类似，Spencer 法可以通过对各土条的底部中点取矩来实现力矩平衡。该方法的优点是 λ 并不事先给定，而是通过计算求得；缺点是假设条间力相互平行，与实际不符。

5.2 BSTEM 模型

BSTEM 是由美国农业部农业研究局研发的一款用于计算岸坡侵蚀和稳定性的模型。Klavon 等[20]对以往应用 BSTEM 的研究进行归纳，认为这一模型已经被广泛应用在岸坡稳定性建模及对岸坡侵蚀和崩塌的影响因素分析(例如植被、孔隙水压力、渗流和护岸措施)等领域，进而认为 BSTEM 是当前最全面的模型之一。

作为一个基于过程的模型，BSTEM 以土层的岸坡土体强度、冲蚀和几何特征、河道水力特征以及河流阶段水文图作为输入项，且岸坡最多可以计算 5 个土层。BSTEM 的冲刷模块通过计算岸坡下切来分析河流冲刷的影响。该模型基于一个由

Parthenides 最先提出的附加剪应力方程来计算冲刷率 ε (m/s)，其具体计算如公式(5-8)所示：

$$\varepsilon = k_d (\tau_0 - \tau_c)^a \tag{5-8}$$

式中：k_d 为可蚀性系数($m^3/(N \cdot s)$)；τ_0 为平均剪应力(kPa)；a 为指数，通常赋整数值；k_d 和 τ_c 为土体多个性质的函数，黏性土通常用射流冲蚀测试(JETs)来获得，对于非黏性土，通常用中位粒径来估算。

BSTEM 通过沿坡面设置特定节点来计算剪应力和河岸侵蚀，如图 5-1，可计算出作用在岸坡上每个节点处的平均边界剪应力($\tau_0 = \gamma RS$ ，其中 γ 为重度，R 为由水深计算得到的局部水力半径，S 为河道坡度)。BSTEM 的技术文件中指出，通过将横截面处的流动面积分成多个只受河岸或河床粗糙度影响的节段，来确定由流动施加在每个节点上的平均边界剪应力，然后再进一步细分确定受每个节点粗糙度影响的流动面积。

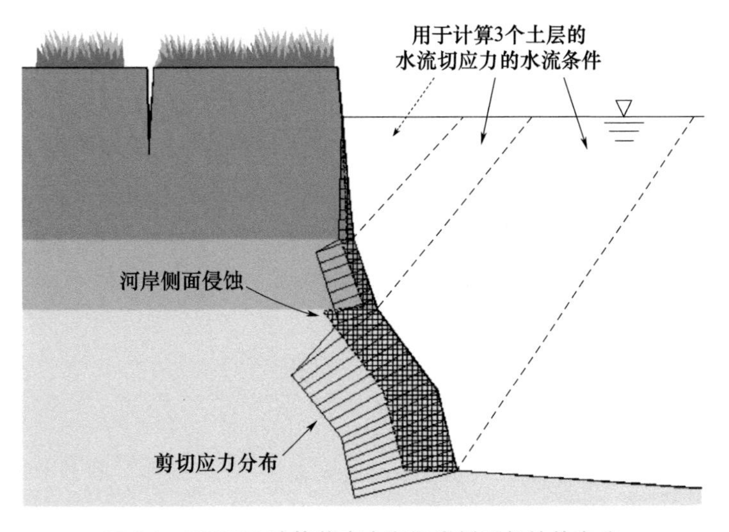

图 5-1　BSTEM 计算剪应力和河岸侧面侵蚀的方法

BSTEM 的岸坡稳定性分析模块根据下滑力与抗滑力的比值计算岸坡的安全系数。安全系数由水平层和竖直条块同时确定。对于水平层，模型采用极限平衡法进行分析，其中，饱和堤层使用 Mohr-Coulomb 准则，而非饱和堤层则用 Fredlund 准则(非饱和土抗剪强度理论)。模型中的抗滑力由改进的 Mohr-Coulomb 公式来确定，如公式(5-9)所示：

$$S_r = c' + \Psi \tan(\phi^b) + \sigma \tan(\phi') \tag{5-9}$$

式中：S_r 为土体抗剪强度(kPa)；c'为有效黏聚力(kPa)；σ 为正应力(kPa)；Ψ 为基质吸力或大气压与孔隙水压力差(kPa)；ϕ' 为有效内摩擦角；ϕ^b 为一个用于描述基

质吸力与抗剪强度间关系的角度。

BSTEM 模型使用多种极限平衡法来计算边坡的最小安全系数。其中,水平层法可将河岸土体最多分成 5 层,安全系数计算如公式(5-10)所示:

$$Fs=\frac{\left\{\sum_{i=1}^{i_{\max}}\left[c_iL_i+(\mu_{ai}-\mu_{\bar{\omega}i})L_i\tan\varphi_i^b\right]+\left[W_i\cos\beta-\mu_{ai}L_i+P_i\cos(\alpha-\beta)\right]\tan\varphi_i'\right\}}{\left\{\sum_{i=1}^{i_{\max}}\left[W_i\sin\beta-P_i\sin(\alpha-\beta)\right]\right\}} \tag{5-10}$$

式中:L_i 为第 i 层的破坏面长度(m);μ_{ai} 为第 i 层土体的孔隙气压力(kN/m^2);$\mu_{\bar{\omega}i}$ 为第 i 层土体的孔隙水压力(kN/m^2);P_i 为由外界水流施加给第 i 层土体的静水压力(kN/m^2);W_i 为第 i 层土体的单位重量(kN/m^2);c_i 为第 i 层土体的有效凝聚力(kN/m^2);φ_i' 为第 i 层土体的有效内摩擦角(°);φ_i^b 为第 i 层土体的表观凝聚力随基质吸力增加而增加的快慢程度(°);α 为河岸坡度(°);β 为崩塌面角度(°);$i_{\max}$ 为河岸崩塌体总层数。

垂直切片法通过 CONCEPTS 模型发展而来,将水平层法中分成 5 层的岸坡崩塌体又分为相同数目的土块,为了提高计算精度,将每个土块又分成 3 个土条。最后,Fs 的精确值需要通过 4 次迭代得到,计算如公式(5-11)所示:

$$Fs=\frac{\left\{\cos\beta\sum_{i=1}^{i_{\max}}\left[c_i'L_i+(\mu_{ai}-\mu_{\bar{\omega}i})L_i\tan\varphi_i^b+(N_i-\mu_{ai}L_i)\tan\varphi_i'\right]\right\}}{\left\{\sin\beta\sum_{i=1}^{i_{\max}}(N_i)-P_i\right\}} \tag{5-11}$$

式中参数含义与公式(5-10)相同。

由于 BSTEM 拟解决的主要问题是短期岸坡侵蚀和稳定性计算,对于长时间跨度(以月或年为尺度)的岸坡稳定性模拟,目前缺乏关于迭代算法的讨论,也鲜有对时间步长、坡脚顶点、稳定性系数边界点、地下水滞后的讨论分析。

(1)迭代算法。Duan 等[7]认为只有 $Fs\geqslant1.3$ 的岸坡才是稳定的。该方法在 $Fs<1.3$ 时忽略了 TEM,其输出结果严重低估了岸坡侵蚀的影响。因此,在长时间跨度的岸坡稳定性模拟中,针对各水文事件,研究者们往往选择先运行 TEM(岸坡侵蚀模块),再运行 BSM(稳定性模块),运行结束后直接继续计算下一个水文事件[21-25]。

然而,即使在进行 BSM 模拟后,崩塌后的岸坡仍有可能立即再次失稳。因此,仅对各水文事件进行一次 BSM 迭代算法的现有方法将导致模拟结果不准确。

(2)时间步长。在探索时间步长对模拟结果的影响时,Simon 等[26]首先提出将目标研究时段划分为若干个水文事件的计算方案,并依据水位变化规律,将各水文事件的时间步长设置为2～63 d不等，该设计存在主观随机性，并缺乏模拟值与实测值的对比。Gao等[25]采用24 h作为时间步长来研究水文过程线的形状、峰值等对岸坡侵蚀、岸坡崩塌的影响，研究中采用的水文过程线是依据理论设计而来的，该方法同样缺乏实测结果佐证，也没有设计更多的时间步长案例作为对比研究。Midgley等[27]借助VB(Visual Basic)子程序实现了BSTEM模拟的自动迭代，并分别计算了时间步长为15 min、30 min和60 min的算例，结果没有显著差异，但是因为3个时间步长都在1 h内，所以无法揭示模拟结果对时间步长的敏感程度。

纵观现有的研究，时间步长的设计存在主观随机性，多时间步长案例的对比研究仍然存在空白。

(3)TT的选择。在TT的选择上，目前可供参考的研究成果较少。国外的部分研究仅提到了TT的存在，但忽略了该节点选择及相应的解释分析[28-31]。国内学者大多修正了默认TT选项[32-35]，但是没有说明修正的原因和方法。

BSTEM的优势在于可以使用23个节点来描述岸坡剖面，其中的15个节点可被选作TT。然而，现阶段该模型忽略了迭代计算中TT选择的变化，该变化可能影响节点的分布，进而导致岸坡轮廓偏移，并通过误差积累效应影响模拟结果。

(4)Fs临界点。BSTEM中设置了两个Fs的临界点来判断岸坡稳定性，分别是$Fs=1$和$Fs=1.3$。$Fs<1$表示岸坡“不稳定”，$1<Fs<1.3$则判别岸坡为“条件稳定”[4]，$Fs>1.3$表示岸坡“稳定”。Simon等[26]认为，对处在条件稳定状态的岸坡需根据研究区域的实际情况判断处理方案。

国外的研究人员多倾向于选取1.0作为Fs边界点，即认为处于“条件稳定”的岸坡是稳定的[21,36-39]。但该设定忽略了各研究区域的差异和处于“条件稳定”状态的岸坡的潜在危害。国内的研究者考虑到自然条件下处于临界状态的岸坡因外力作用发生崩岸的可能性很大，普遍选择1.3作为Fs临界点[40,41]。

(5)地下水滞后。在许多与BSTEM相关的计算中，地下水滞后对模拟结果的影响常常被忽略[42]。由于地下水的测量成本高昂，且其流动和储存行为复杂[43]，因此研究人员在考虑地下水滞后时通常采用插值[34,44]或定值[42]的方法。

Zong等[45]通过自行划分水文时段，将目标时段分为“即时响应”和“延迟响应”。在“即时响应”中，不考虑地下水滞后；在“延迟响应”中，根据水位变化速率的快慢判定地下水位是否滞后于河道水位。但是该研究采用的地下水位值存在随机性。

Simon等[26]分析了整个研究时间段内的水位，将整个水位过程线分为涨水段和落水段：在涨水段中，忽略地下水滞后；在落水段中，先按照正常的迭代算法完成计算，再采用新的河道水位与滞后的、维持在原河道水位高程的地下水位再次运算BSM模块，以计算地下水滞后对岸坡的影响。本研究采用该方案进行地下水滞后的分析。

第6章 岸坡稳定性模拟与算法改进

6.1 时间步长选择

在运用BSTEM计算长期岸坡稳定性时，水文事件的持续时间即为时间步长，水文事件的水位取自时间步长内水位的平均值。目前，如何划分水文事件、如何选定时间步长尚且没有统一标准：逐日迭代忽略了季节性变化的规律，导致计算过程冗余繁杂，带来了极大的工作量；但是盲目地简化水位过程、采用大时间步长可能导致迭代计算结果随时间步长的改变剧烈波动，无法判断模拟结果的准确性[59-86]。因此，亟待针对时间步长的划分方案开展研究。

研究采用监利水文站的荆江河道水位数据。荆江年内水位变化具有较强的周期性，所以往往被划分为枯水期、涨水期、洪水期和落水期4个水文时期[32]。张芳枝等[87]的研究指出，河流冲刷对堤岸渗流和变形产生的影响随着河水位的上升而加剧，外江水位越高，堤岸稳定安全系数降低的幅度越大。在4个水文时期中，枯水期水势平稳，水位较低，河道流量变化小，地下水位稳定，因此枯水期时的岸坡相较于其他水文时期更加稳定。涨水期水位上升，水流增加，岸坡稳定性相较于枯水期时有所降低。洪水期水位居高不下，是一年内最容易发生崩岸的时期。落水期水位下降，流量减小，由于土壤的持水性，潜水位的下降滞后于河道水位的下降，岸坡内的孔隙水压力来不及消散，形成超孔隙水压力，同时岸坡受到的水流围压降低，这些因素都对岸坡维持稳定不利，岸坡稳定性比涨水期低，但是比洪水期稳定。

各水文时期按照岸坡稳定性排序为枯水期＞涨水期＞落水期＞洪水期[34,86]。本研究设计了6个时间步长方案，分别记为Plan A至Plan F（方案A至方案F）。这6个方案将2005年1月1日至2006年3月15日共439 d划分为6个、13个、28个、56个、71个、145个水文事件。

表6-1给出了时间步长的划分细节。以Plan A为例，分别将枯水期、涨水期、洪水期、落水期的时间步长设置为16 d、12 d、8 d、10 d，从而把2005年1月1日至2006年3月15日划分为共计43个水文事件。

表 6-1 时间步长划分方案 Plan A 至 Plan F

年份	水文时期	起始日期	结束日期	持续天数/d	Plan A	
					时间步长/d	水文事件数
2005	枯水期 1	1 月 1 日	3 月 31 日	90	90	1
	涨水期	4 月 1 日	5 月 31 日	61	61	1
	洪水期	6 月 1 日	10 月 31 日	153	153	1
	落水期	11 月 1 日	12 月 15 日	45	45	1
	枯水期 2	12 月 16 日	12 月 31 日	16	16	1
2006	枯水期 3	1 月 1 日	3 月 15 日	74	74	1
合计						6

年份	水文时期	起始日期	结束日期	持续天数/d	Plan B	
					时间步长/d	水文事件数
2005	枯水期 1	1 月 1 日	3 月 31 日	90	45	2
	涨水期	4 月 1 日	5 月 31 日	61	32	2
	洪水期	6 月 1 日	10 月 31 日	153	31	5
	落水期	11 月 1 日	12 月 15 日	45	45	1
	枯水期 2	12 月 16 日	12 月 31 日	16	45	1
2006	枯水期 3	1 月 1 日	3 月 15 日	74	45	2
合计						13

年份	水文时期	起始日期	结束日期	持续天数/d	Plan C	
					时间步长/d	水文事件数
2005	枯水期 1	1 月 1 日	3 月 31 日	90	22	5
	涨水期	4 月 1 日	5 月 31 日	61	18	4
	洪水期	6 月 1 日	10 月 31 日	153	14	11
	落水期	11 月 1 日	12 月 15 日	45	18	3
	枯水期 2	12 月 16 日	12 月 31 日	16	22	1
2006	枯水期 3	1 月 1 日	3 月 15 日	74	22	4
合计						28

续表

年份	水文时期	起始日期	结束日期	持续天数/d	Plan D	
					时间步长/d	水文事件数
2005	枯水期 1	1 月 1 日	3 月 31 日	90	12	8
	涨水期	4 月 1 日	5 月 31 日	61	9	7
	洪水期	6 月 1 日	10 月 31 日	153	6	26
	落水期	11 月 1 日	12 月 15 日	45	8	6
	枯水期 2	12 月 16 日	12 月 31 日	16	12	2
2006	枯水期 3	1 月 1 日	3 月 15 日	74	12	7
合计						56

年份	水文时期	起始日期	结束日期	持续天数/d	Plan E	
					时间步长/d	水文事件数
2005	枯水期 1	1 月 1 日	3 月 31 日	90	11	9
	涨水期	4 月 1 日	5 月 31 日	61	9	7
	洪水期	6 月 1 日	10 月 31 日	153	4	39
	落水期	11 月 1 日	12 月 15 日	45	7	7
	枯水期 2	12 月 16 日	12 月 31 日	16	11	2
2006	枯水期 3	1 月 1 日	3 月 15 日	74	11	7
合计						71

年份	水文时期	起始日期	结束日期	持续天数/d	Plan F	
					时间步长/d	水文事件数
2005	枯水期 1	1 月 1 日	3 月 31 日	90	5	18
	涨水期	4 月 1 日	5 月 31 日	61	4	16
	洪水期	6 月 1 日	10 月 31 日	153	2	77
	落水期	11 月 1 日	12 月 15 日	45	3	15
	枯水期 2	12 月 16 日	12 月 31 日	16	5	4
2006	枯水期 3	1 月 1 日	3 月 15 日	74	5	15
合计						145

对于每一个水文事件中由时间步长的划分所带来的误差,都采用水位标准偏差来衡量。对于每一个设计方案,将方案中所有水文事件的标准偏差取平均值作为该方案误差的标准。在接下来的分析中,将各方案的误差记作方案的平均标准偏差。随着时间步长的减小,输入模型的水位值越来越接近真实的水位值。每个水文事件的标准偏差计算细节如图 6-1 所示。

图 6-1 中,横坐标 1～439 依次表示 2005 年 1 月 1 日至 2006 年 3 月 15 日的每一天。黑色折线表示实际水位过程线,蓝色折线表示逐水文事件变化的水位过程线,各组的水位值取自组内水位的平均值。

图 6-1 中,从 Plan A 到 Plan F,随着时间步长的减小,黑、蓝折线逐渐重叠,Plan F 中黑、蓝折线已经几乎完全重合,蓝色折线几乎覆盖了黑色的实际水位过程线。折线下方的黑色柱体表示各水文事件中水位的标准偏差。从 Plan A 到 Plan F 看出,因划分水文事件所采用的平均水位取代真实水位变化所引起的标准偏差平均值(σ)分别为 0.9941、0.7179、0.4058、0.2478、0.1983 和 0.0988。时间步长越小,标准偏差越小,这与两条折线逐渐重叠这一现象相对应。综上所述,随着 Plan A 到 Plan F 时间步长的加密,水文事件水位越来越接近真实水位。

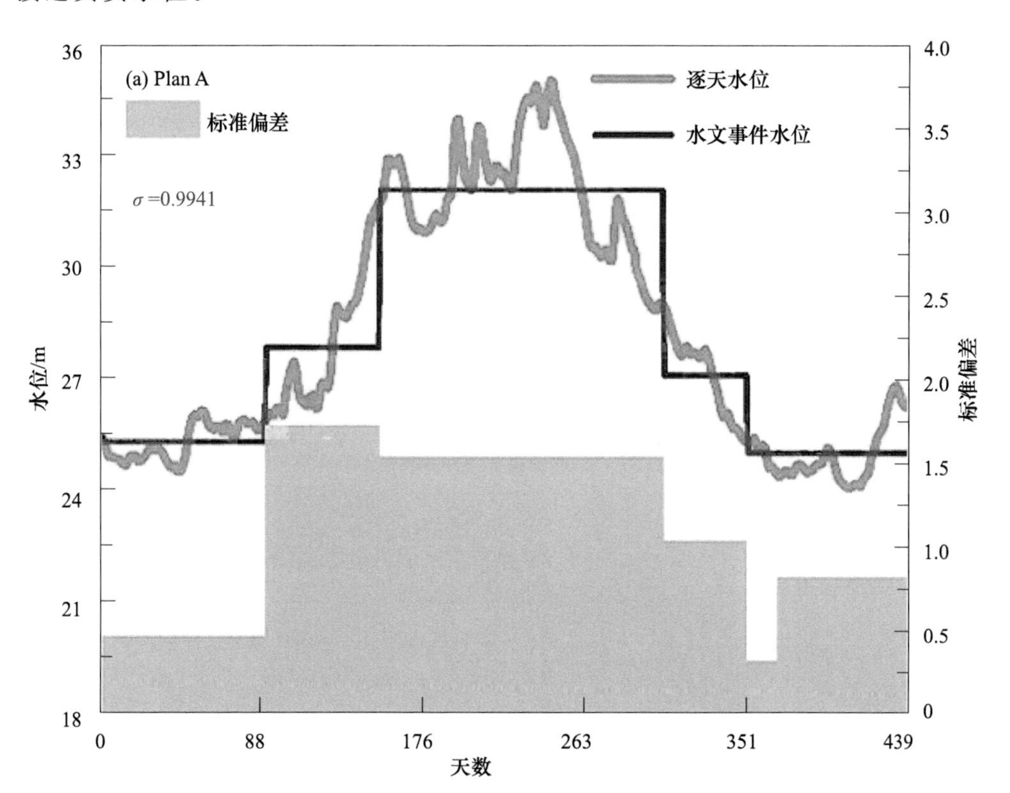

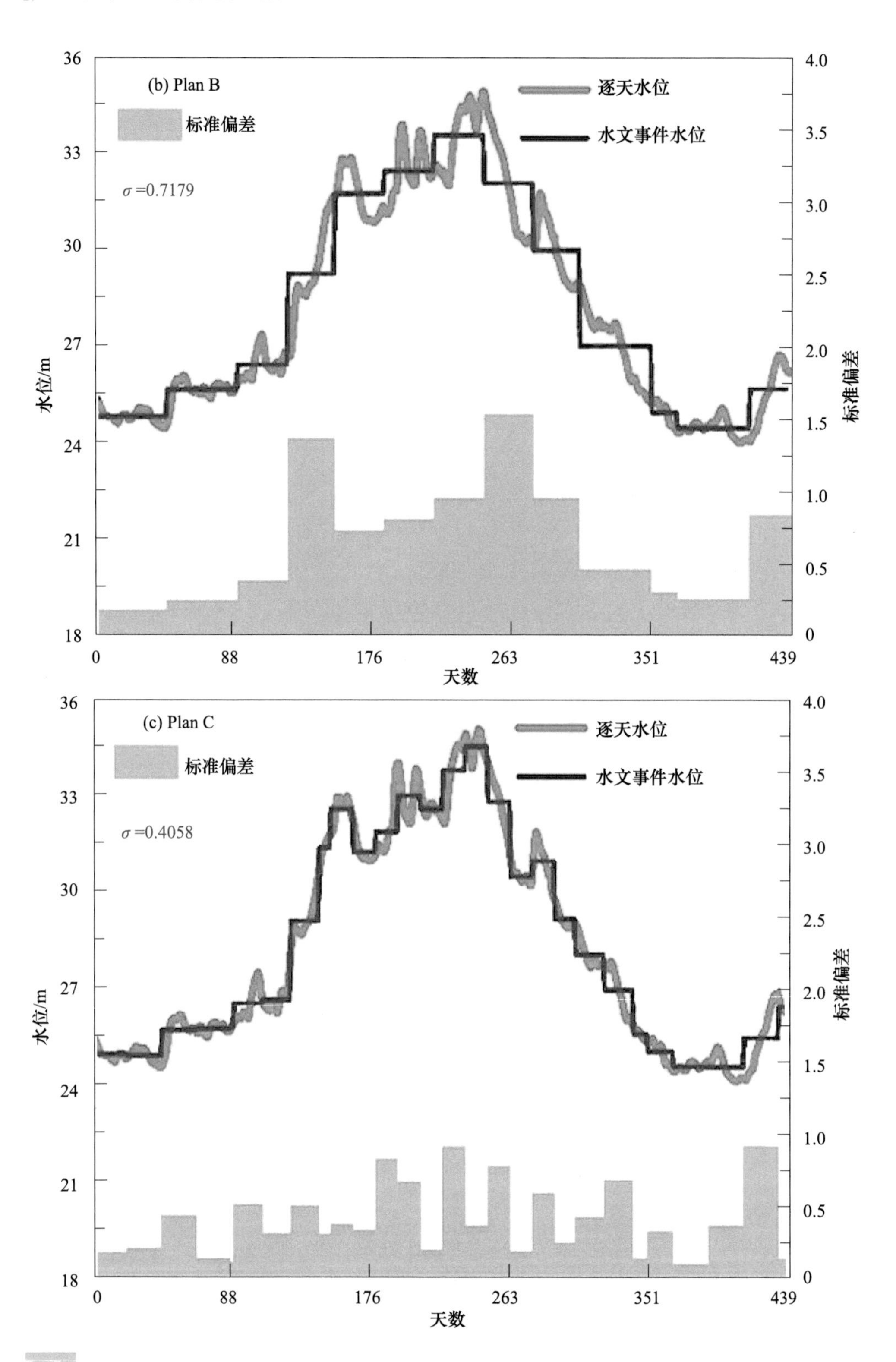
(b) Plan B
标准偏差
逐天水位
水文事件水位
σ =0.7179
水位/m
标准偏差
天数
(c) Plan C
标准偏差
逐天水位
水文事件水位
σ =0.4058
水位/m
标准偏差
天数

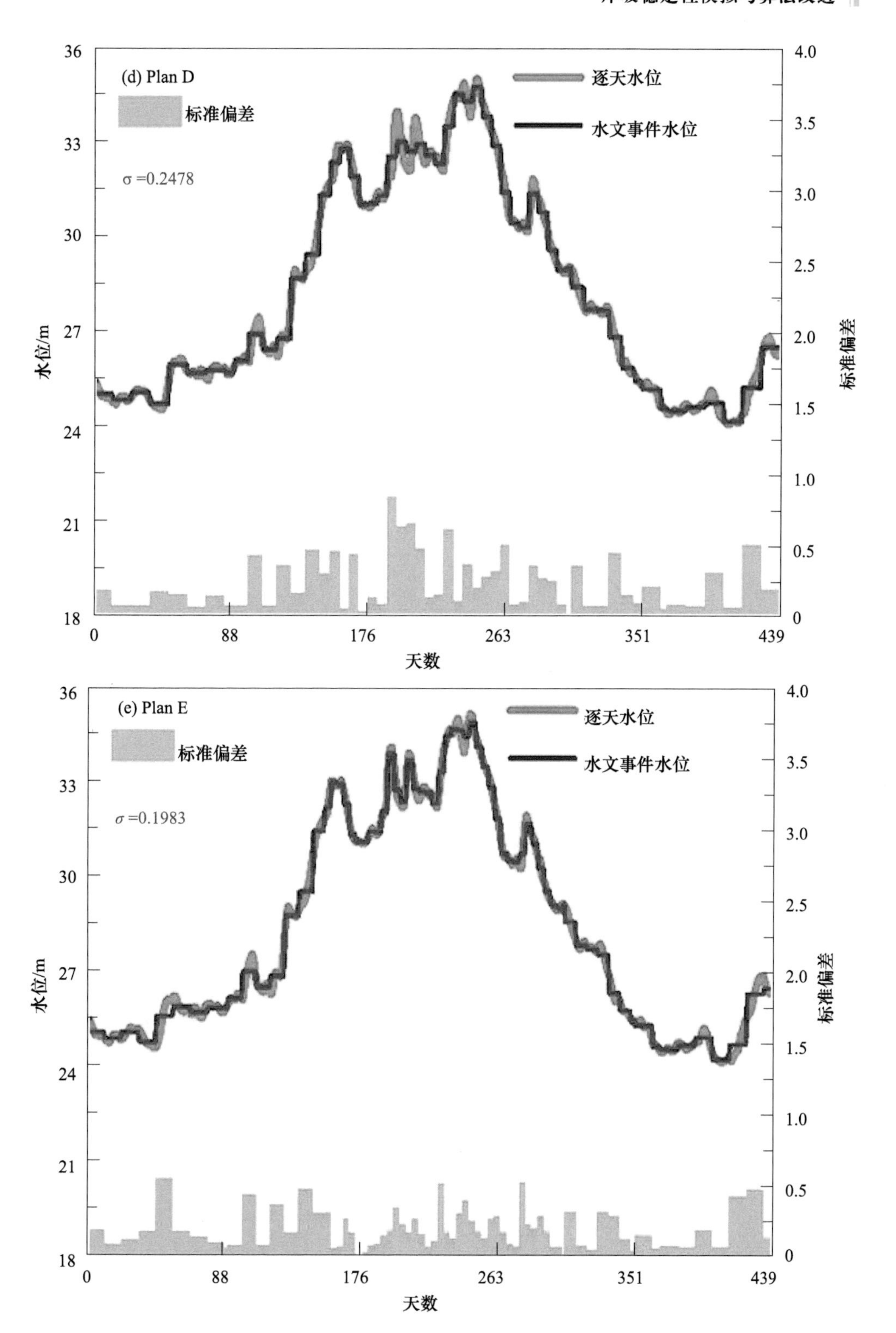
(d) Plan D
标准偏差
逐天水位
水文事件水位
σ =0.2478
水位/m
标准偏差
天数
36
33
30
27
24
21
18
4.0
3.5
3.0
2.5
2.0
1.5
1.0
0.5
0
0
88
176
263
351
439
(e) Plan E
标准偏差
逐天水位
水文事件水位
σ =0.1983
水位/m
标准偏差
天数

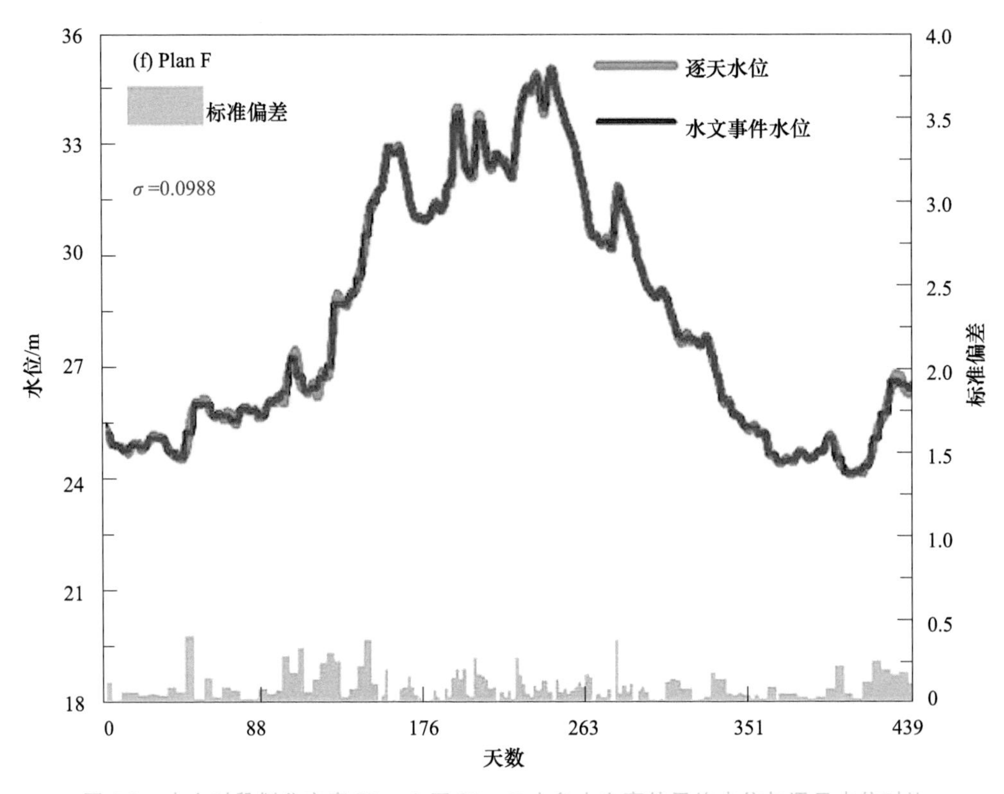

图 6-1 水文时段划分方案 Plan A 至 Plan F 中各水文事件平均水位与逐日水位对比

6.2 迭代算法改进

为解决 Fs 结果不可靠的问题,本研究改进并优化了迭代算法。在原始迭代算法(ORiginal Iteration Routine,OR)的基础上,提出了一种改进的迭代算法(Improved Iteration Routine,IR)。这一改进的迭代方式能够确保输入下一个水文事件中的岸坡轮廓是稳定的。本书以 Fs 临界点取 1.3 为例,OR 与 IR 的运算步骤对比如图 6-2 所示。

在 IR 中,以水文事件 n 为例,如果 BSM 得到的第一个 $Fs<1.3$,则岸坡崩塌,崩塌后的岸坡轮廓的稳定性系数就是第二个 Fs。如果第二个 $Fs<1.3$,则岸坡崩塌,崩塌后的岸坡轮廓对应于第三个 Fs,依此类推,只有当稳定性系数 $Fs\geqslant1.3$ 时,模拟才能进入下一个水文事件 $n+1$。最终,稳定的岸坡轮廓就是水文事件 $n+1$ 的初始岸坡轮廓,多次调用 BSM 得到的最后一个 Fs 即为水文事件 $n+1$ 中初始岸坡轮廓的稳定性系数。

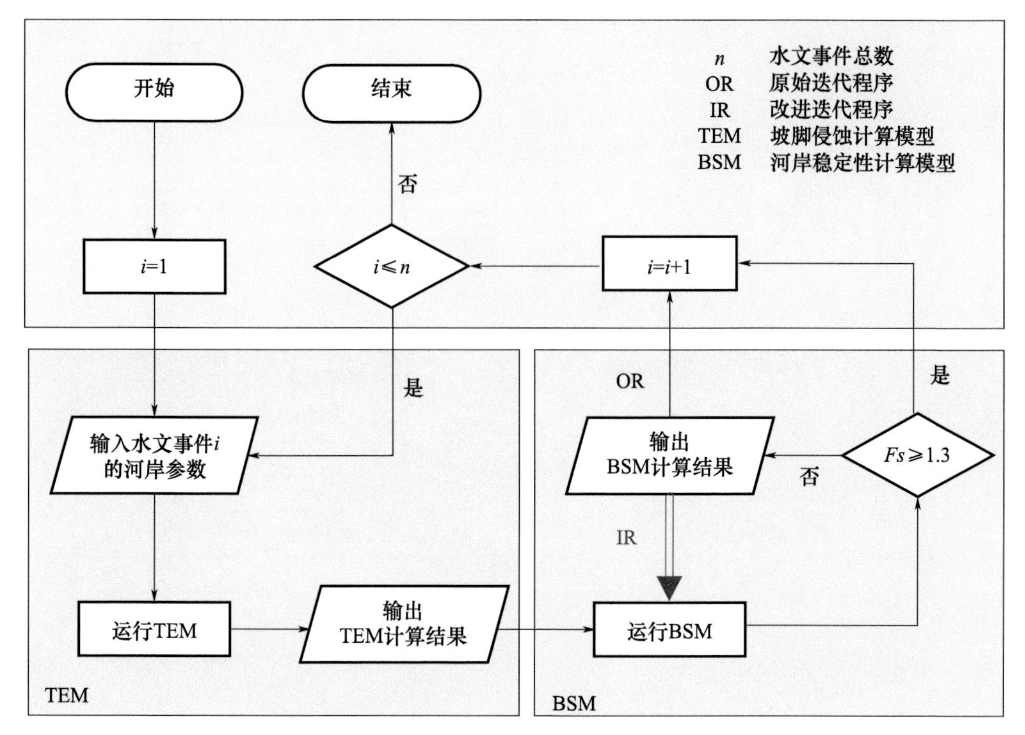

图 6-2　BSTEM 原始算法(OR)和改进后算法(IR)示意图

6.3　改进前后迭代算法的岸坡轮廓结果比较

在 IR 中,本研究改进了传统的迭代算法。当 *Fs* 小于临界值时,BSM 会被重复调用,直到得到一个 *Fs* 大于或等于临界值的稳定的岸坡轮廓。在明确了 IR 的迭代算法后,为直观地描述 IR 对岸坡模拟结果进行的改变,本节以 *Fs* 临界点取 1.3 为例,分别比较了在 OR 和 IR 迭代算法下得到的岸坡轮廓差异。

本节采用的水文事件参数如表 6-2 所示,两组模拟中所涉及的所有参数均保持一致,均以 $Fs \geqslant 1.3$ 作为岸坡稳定的判断条件。分别由 OR 和 IR 模拟得到的岸坡轮廓变化如图 6-3 所示。

表 6-2　用于岸坡轮廓对比的水文事件参数

序号	水位/m	潜水位/m	持续时间/h
水文事件 1	25.35	11.45	2160
水文事件 2	27.88	8.92	1464
水文事件 3	32.10	4.70	3672

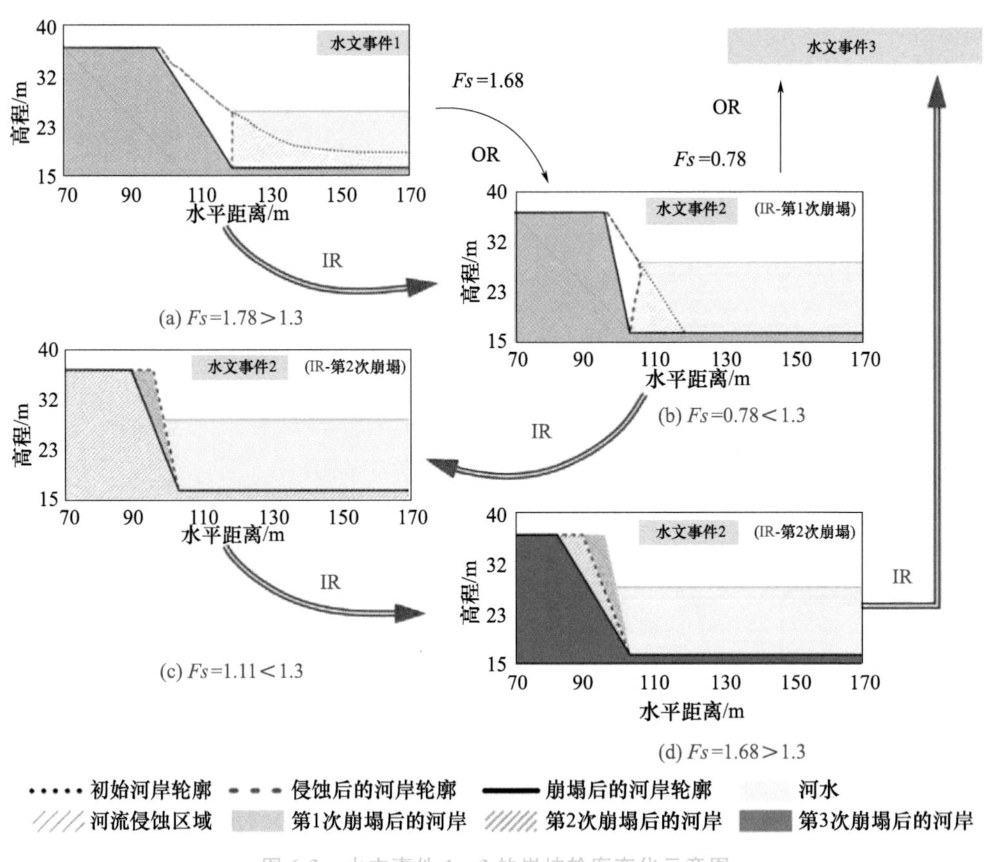

图 6-3 水文事件 1～3 的岸坡轮廓变化示意图

对于水文事件 1,OR 和 IR 均依次进行 TEM 和 BSM 的计算,得到崩塌后的岸坡轮廓如图 6-3a 所示。靠近蓝色河流区域的岸坡轮廓是本次模拟的初始岸坡轮廓,黑色实线轮廓是崩塌后的轮廓,黑色斜杠填充的阴影区是由 TEM 计算得到的因河水侵蚀而溃散的区域,由红色虚线分割出来的白色区是由 BSM 计算得到的失稳崩塌的区域。在依次经过一次 TEM 和一次 BSM 的计算后,OR 直接进行水文事件 2 的计算;IR 得到崩塌后岸坡轮廓的 $Fs=1.68>1.3$,也继续进行水文事件 2 的计算。因此,OR 和 IR 在水文事件 2 中的初始轮廓是完全一致的,图 6-3a 中的黑色实线轮廓既是水文事件 1 结束时的轮廓,也是水文事件 2 的初始岸坡轮廓。

在水文事件 2 中,OR 和 IR 再依次进行 TEM 和 BSM 的计算,得到崩塌后的岸坡轮廓如图 6-3b 所示。该图的图例与图 6-3a 完全一致。OR 在 BSM 计算完成后直接计算水文事件 3。对于 OR,黑色实线轮廓既是水文事件 2 结束时的轮廓,也是水文事件 3 的初始岸坡轮廓。

IR 经过水文事件 2 计算后,得到第一次崩塌后的轮廓稳定性系数 $Fs=0.78<$

1.3，按流程进行了第二次 BSM 计算，得到的岸坡轮廓如图 6-3c 所示。此时的稳定性系数 $Fs=1.11<1.3$，并以 IR 进行了第三次 BSM 的计算，得到第三次崩塌后的岸坡轮廓如图 6-3d 所示。第三次 BSM 模拟结束后，$Fs=1.68>1.3$，此时岸坡达到稳定状态，IR 进入水文事件 3 的计算。

在图 6-3 d 中，黄色实线、红色虚线、黑色实线分别代表在 IR 中经过三次 BSM 计算所得到的三条岸坡轮廓线；深黄色区域和浅黄色斜杠区域分别代表第一次、第二次岸坡失稳崩塌的区域。其中，和蓝色水域相接的黄色轮廓线与 OR 计算中进入水文事件 3 的初始岸坡轮廓一致；包裹着棕色岸坡轮廓的黑色轮廓线是 IR 计算后得到的进入水文事件 3 的岸坡轮廓。两条折线之间的差异即为水文事件 2 中所体现的 OR 和 IR 计算结果之间的差异。

OR 在水文事件 3 中的初始岸坡轮廓 $Fs<1.3$，因此，若 BSM 计算得出在水文事件 3 中岸坡崩塌，将无法判断崩岸是水流侵蚀作用的结果还是由本就不稳定的岸坡所导致的。在 IR 中，岸坡经过三次 BSM 计算，最终得到稳定的岸坡轮廓，可以确保所有水文事件的初始岸坡都处于稳定状态。

6.4 结果分析与讨论

本节在前文的基础上，添加了采用 IR 的算例，以便于比较两种迭代算法在各时间步长方案下对模拟结果的影响。

6.4.1 对 *Fs* 的影响

图 6-4 所示为将 *Fs* 的变化趋势与实际水位过程线进行比较。Plan B 的 *Fs* 变化趋势与 Plan A 相似，而且根据前面的分析，两者都是不精确的划分方案，所以此处不再展示 Plan B 的 *Fs* 折线。

Plan F 的时间步长很小，可以很好地代表实际水位变化情况。由图 6-4 可知，随着时间步长的加密，无论是采用 OR 还是 IR，Plan A 至 Plan E 的 *Fs* 变化趋势均越来越接近于 Plan F。同时，针对 Plan F，OR 和 IR 的 *Fs* 均表现出相似的变化趋势，且均在 1.3 上下波动。这是因为 Plan F 中的时间步长小，在调用一次 BSM 后岸坡一般能够保持稳定，只有在洪水期水位持续处于高位、易于崩岸的条件下，才需要多次调用 BSM，以保持水文事件的初始岸坡稳定。因此，IR 的改进效果弱，模拟结果与 OR 相似。

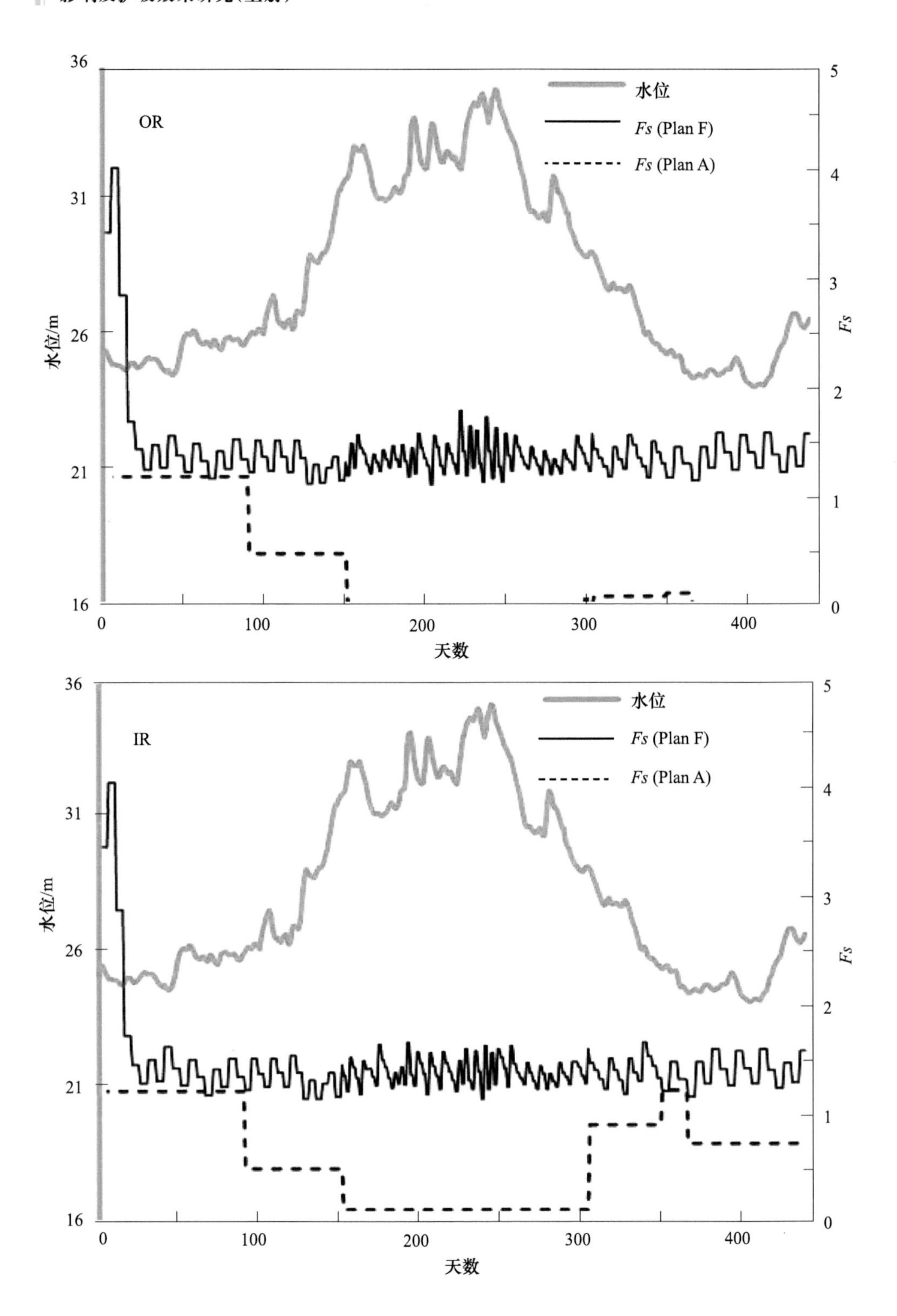
OR
水位
Fs (Plan F)
Fs (Plan A)
水位/m
Fs
天数
IR
水位
Fs (Plan F)
Fs (Plan A)
水位/m
Fs
天数

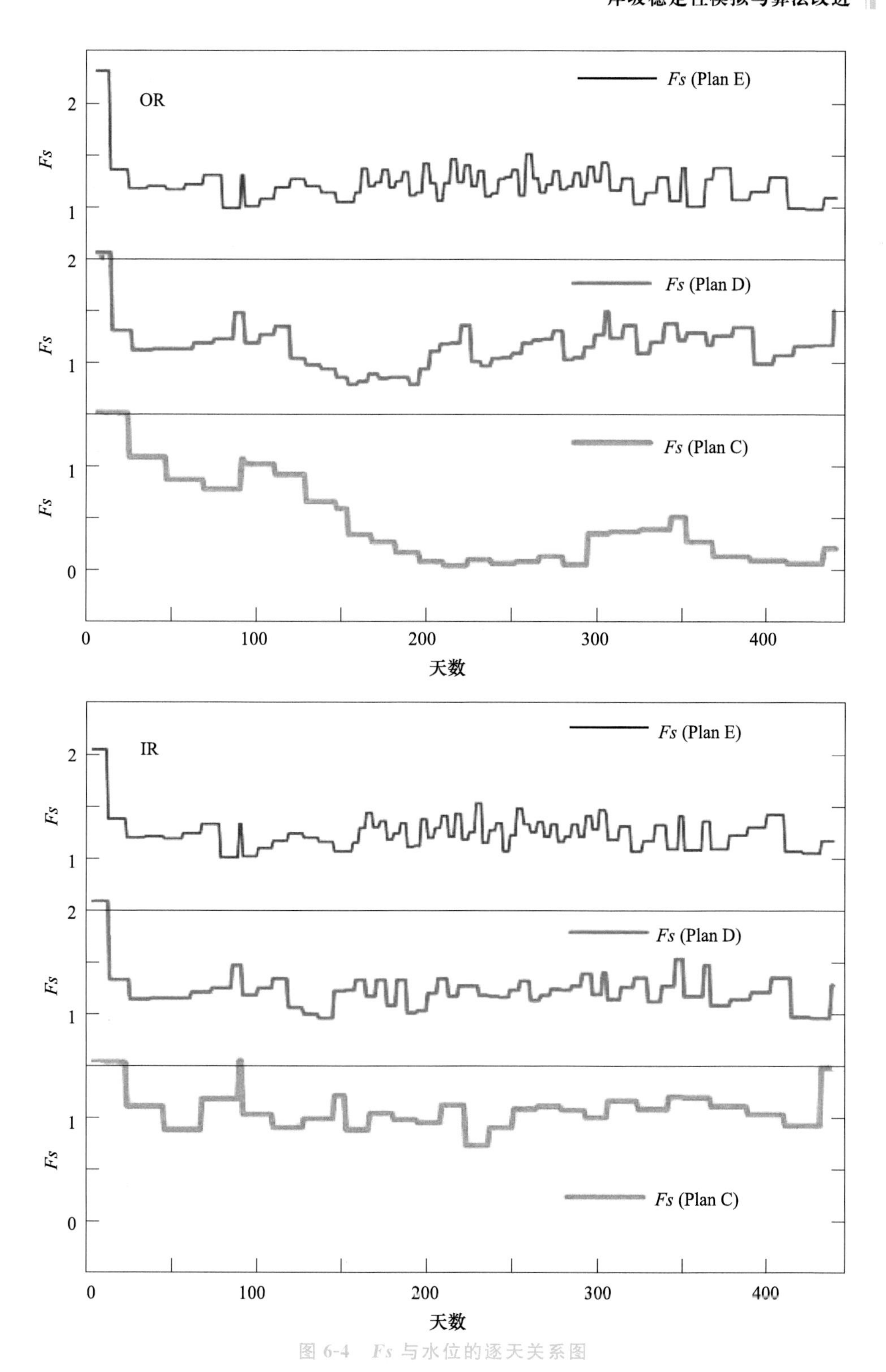

图 6-4　Fs 与水位的逐天关系图

与 IR 相比,Plan A 至 Plan D 中 OR 的 *Fs* 较小。以 Plan A 为例,OR 得到的平均 *Fs* 为 0.34,IR 得到的平均 *Fs* 为 0.78。在 OR 中,模型在所有可能的破坏面中找到最小的 *Fs* 并输出。最小的 *Fs* 小于 1.3 意味着可能存在其他 *Fs* 值也小于 1.3,但是,这些 *Fs* 将被忽略。这样,在接下来的水文事件中,危险的堤岸与长期水流冲刷效应叠加,导致 OR 中 *Fs* 普遍偏小。

对于 Plan F,*Fs* 的折线整体高于 Plan A,且在 1.3 左右波动。结合计算过程,对这一现象解释如下:

(1)在水文事件 n 中,依次运行 TEM 和 BSM。由于 Plan F 采用小时间步长,则岸坡冲刷量小。假设水文事件 n 经过 BSM 计算得出的 *Fs* 小于 1.3,则岸坡不稳定。

(2)重复运行 BSM。由于 Plan F 采用小时间步长,岸坡受到的侵蚀作用小,因此,往往在一次 BSM 计算后得到的岸坡轮廓就已经处于稳定状态。输出此时的岸坡轮廓作为水文事件 $n+1$ 的初始岸坡轮廓。

(3)在水文事件 $n+1$ 中,依次运行 TEM 和 BSM。Plan F 的小时间步长导致岸坡轮廓在水流侵蚀下只发生比较微小的变化,BSM 模拟得到的 *Fs* 往往略大于 1.3,表明岸坡稳定,不需要重复调用 BSM。输出此时的岸坡轮廓作为水文事件 $n+2$ 的初始岸坡轮廓。

(4)在水文事件 $n+2$ 中,依次运行 TEM 和 BSM。由于水文事件 $n+1$ 没有发生崩岸,岸坡剖面轮廓保持不变,且在水文事件 $n+2$ 中再次经历了冲刷侵蚀,因此,*Fs* 降低。假设此时 *Fs* 略低于 1.3。

(5)与步骤(2)类似,重复运行 BSM。水文事件 $n+2$ 经过多次调用 BSM 模块后,生成新的岸坡轮廓。输出此时的岸坡轮廓作为水文事件 $n+3$ 的初始岸坡轮廓。

在上述循环过程中,*Fs* 在 1.3 上下波动,波动的周期与时间步长有关。在 Plan F 中,往往只需要进行一次 BSM 的计算,而对于 Plan E,则一般需要调用两次,对于其他大时间步长的设计方案,则需要更多。

Fs 的过程并非平滑,常出现陡增或骤跌的现象,这与袁帅等[84]的研究结论相符。OR 和 IR 在按照 Plan F 划分时间步长的算例中得到的 *Fs* 呈现出几乎一致的变化,但由于 IR 对模拟过程的改进,在缩小时间步长过程中,IR 可以比 OR 更快地获得与 Plan F 中 *Fs* 变化相似的折线,减轻划分时间步长的工作量。

6.4.2 对时间步长敏感性的影响

在岸坡稳定性的迭代计算中,划分水文事件得到的水位过程线与真实水位过程线之间的误差越小，模拟结果越准确。*Fs* 结果表明，在时间步长减小的过程中，如果使用 IR，将比使用 OR 更快地获得接近 Plan F 的模拟结果。而 Plan F 的时间步长小，水位变化接近真实水位，因此，可以认为比起 OR，使用 IR 可以在更大的时间步长下获得相对准确的模拟结果。

为了进一步确定这一结论，本次针对累计崩岸宽度与时间步长进行比较分析，验证 Plan A 至 Plan F 时间步长划分方案的平均标准差递减，模拟结果应该逐渐接近实测值。

首先，为了直观地展示每个计划之间的跨度，图 6-5a 展示了由 Plan A 至 Plan F 划分方案得到的水文事件的数量。各个颜色的宽度表示相应水文时期的崩岸宽度，所有颜色叠加得到的高度表示横坐标对应时间步长划分方案所得水文事件的总数。

其次，在时间步长减小的过程中，采用 OR 和 IR 进行模拟，以得到崩岸宽度与测量值之间的差异，图 6-5b 展示了 Plan A 至 Plan F 中枯水期 3 崩岸宽度的变化趋势及崩岸宽度测量值误差带（$\pm 15\%$），在接下来的分析中，记（40 ± 6）m 为测量值范围。

最后，图 6-5c 展示了随着水文事件数量的增加，从 Plan A 到 Plan F 崩岸宽度发生的变化，以分析采用 OR 或 IR 时崩岸宽度随时间步长的变化趋势。

图 6-5a 中，不同颜色代表不同水文时期中划分的水文事件的数量，折线的高度为各个方案划分得到的水文事件总数。洪水期对应的面积最大，说明洪水期划分得到的水文事件最多。折线从左到右逐渐抬升，表明从 Plan A 到 Plan F 水文事件数量逐渐增加。从 Plan D 到 Plan E 折线是平坦的，而从 Plan E 到 Plan F 折线急剧抬升，表明 Plan D 到 Plan E 水文事件数量变化小，而 Plan E 到 Plan F 水文事件数量有显著提升。

图 6-5b 聚焦枯水期 3 并展示了崩岸宽度计算值和实测值的差异。采用 OR 得到的崩岸宽度变化剧烈，Plan A、Plan C、Plan F 的崩岸宽度都落在测量值范围内，但 Plan B、Plan D、Plan E 出现大幅度波动。结合图 6-5c 可知，从各水文时期来看，对于枯水期 1、涨水期和洪水期，Plan A 和 Plan C 的崩岸宽度与 Plan F 之间偏差大，在图 6-5c 中表现为枯水期 1、涨水期和洪水期的带宽呈现不规则变化；从累计崩岸宽度来看，OR 的崩岸宽度折线高度呈现剧烈波动。

图 6-5c 显示，相比于 OR，IR 的模拟结果变化更具有规律性，这与图 6-5b 反映的现象一致。在使用 IR 的情况下，随着时间步长的减小，崩岸宽度的变化更平滑稳定地随着时间步长的减小而逐渐增加，变化率逐渐减小；Plan D、Plan E、Plan F 的崩岸宽度几乎保持一致，说明在这 3 个时间步长划分方案中各水文周期的崩岸宽度几乎一致；结合图 6-5b 可知，Plan D 至 Plan F 枯水期 3 的崩岸宽度与测量值相近。

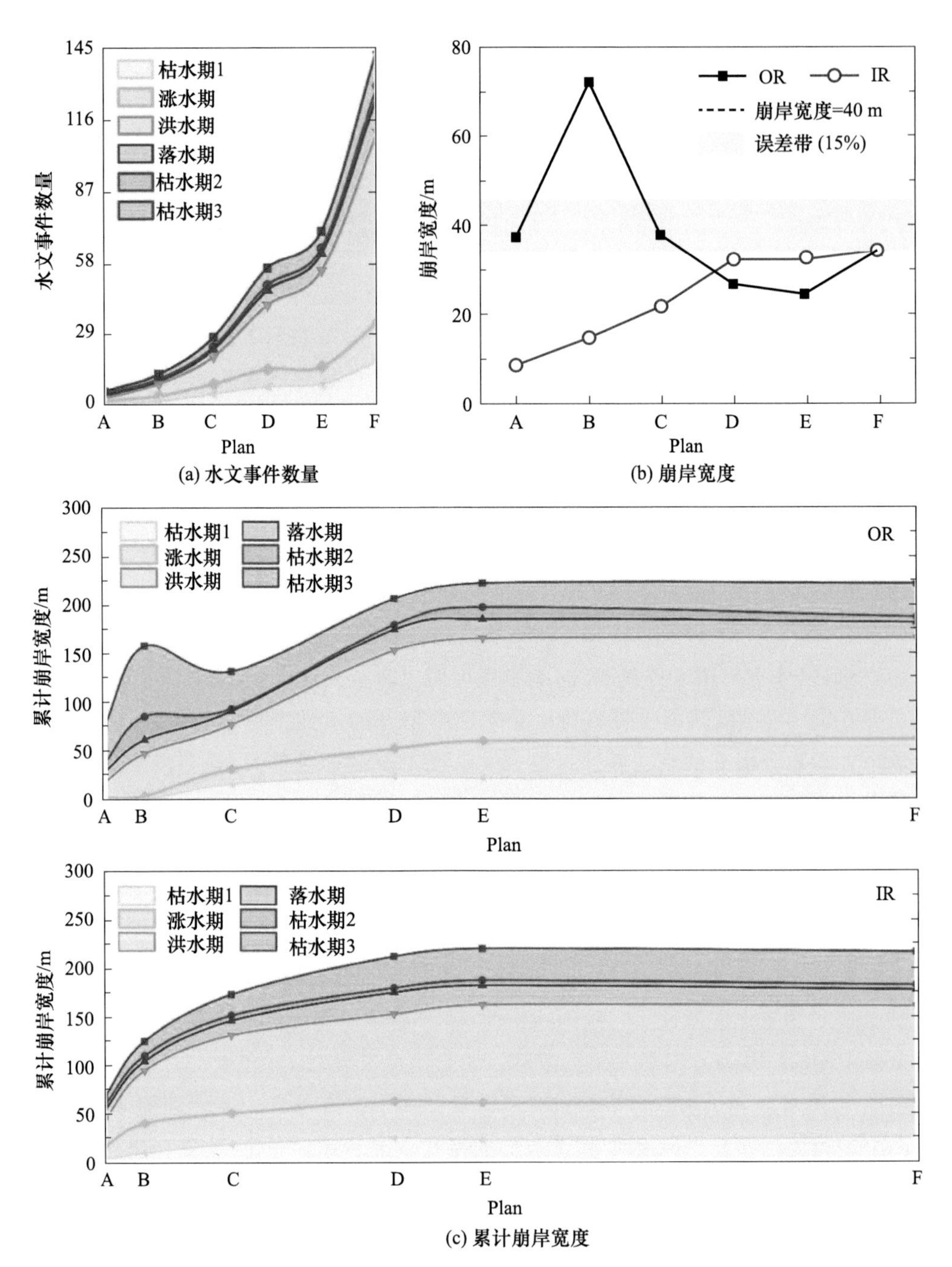

(a) 水文事件数量

(b) 崩岸宽度

(c) 累计崩岸宽度

图 6-5 OR 和 IR 计算各时间步长方案累计崩岸宽度的对比

结合方案平均标准差分析，对于 OR，当水位过程线的平均标准偏差≤0.199 时，累计崩岸宽度达到稳定，当平均标准偏差≤0.099 时，计算所得枯水期 3 的崩岸宽度位于测量值范围内。对于 IR，当水位过程线的平均标准偏差≤0.248 时，累计崩岸宽度达到稳定，且枯水期 3 的崩岸宽度接近实测值范围。总体而言，随着时间步长的减小，IR 可以比 OR 更快地获得令人满意的结果。

然而，由于不同水文时期的特征各异，本次针对不同水文时期设计了不同的时间步长，在图 6-5a 中也有所体现。不同的时间步长带来了不同的标准偏差，因此，图 6-6 对不同水文时期的标准偏差进行比较分析。图 6-6 主要由两部分组成：柱形图和折线图。其中，柱形图对应左侧坐标轴，表示水位过程线的标准偏差。折线图对应右侧坐标轴，表示枯水期 3 中崩岸宽度模拟值和测量值的相对误差。柱形图中较粗的柱表示各水文时期的标准偏差，较细的柱表示整个时间步长划分方案中各水文时期标准偏差的平均值。其中，较窄柱形图的值在图 6-1 中也有展示。折线图中红色圆点折线和黑色方形折线分别代表 OR 和 IR 中崩岸宽度计算值与实测值的相对误差。

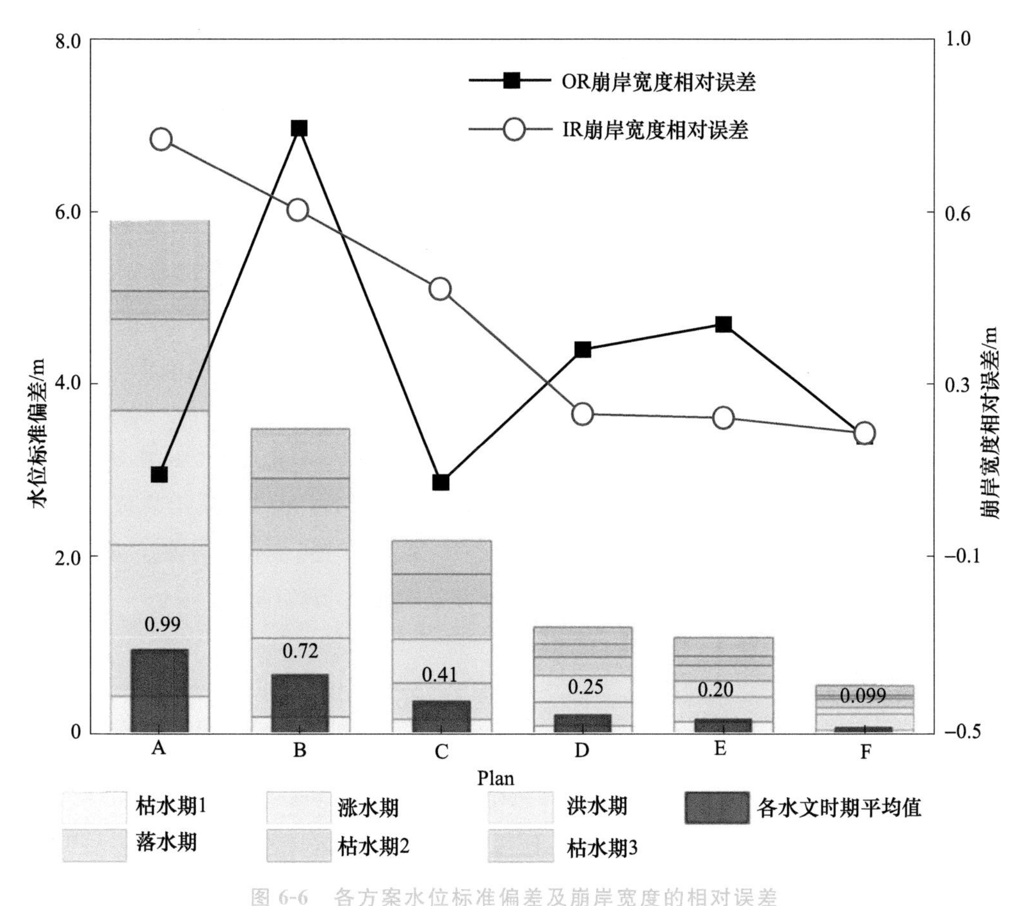

图 6-6　各方案水位标准偏差及崩岸宽度的相对误差

图 6-5b 显示，对于 OR，只有 Plan F 的结果在测量值范围内；对于 IR，Plan D 至

Plan F 的结果几乎相同,都接近测量值范围。因此,要获得在测量值范围内的崩岸宽度结果,OR 需要小于或等于 Plan F 的标准偏差,IR 只需要小于或等于 Plan D 的标准偏差。

图 6-6 显示,对于 OR,枯水期的标准偏差需小于 0.045,涨水期的标准偏差需小于 0.178,洪水期的标准偏差需小于 0.087,落水期的标准偏差需小于 0.091。较高的标准偏差意味着需要划分出大量水文事件(Plan F 中共划分了 145 个水文事件),这造成了工作量繁重。对于 IR,各水文时期的标准偏差需求均被放宽,枯水期为 0.130,涨水期为 0.279,洪水期为 0.301,落水期为 0.212。因此,采用 IR 确实可以显著减轻划分水文事件的工作量。

6.5 改进迭代算法的时间步长与坡脚顶点选择

6.5.1 时间步长选择

本节提出了一种 BSTEM 迭代中的水文事件划分方法,主要流程为:调查目标岸坡;划分水文时期;划分水文事件并计算标准偏差;运用 BSTEM 计算岸坡稳定性,并根据模拟结果是否合理(15%)来确定水文事件划分是否准确。本方法所确定的水文事件在提高模拟精度的同时,也减轻了水文事件划分的工作量,详略得当的水文事件划分方案为岸坡稳定性建模计算提供了支持。其水文事件划分流程如图 6-7 所示。

本研究提出的 IR 改变了传统的迭代模式,提高了模拟效率。与 OR 相比,IR 在划分水文事件时要求更低、工作量更小。此外,IR 在计算过程中反映出岸坡多次崩塌的现象,能够合理地描绘出岸坡轮廓的变化情况。在时间步长减小的过程中,计算所得的崩岸宽度相较于 OR 能更快、更平滑地达到实测值范围内。

6.5.2 坡脚顶点选择

基于前期研究成果,本节简要概述在改进迭代算法下的坡脚顶点选择方案。BSTEM 中提供了 TT 的默认选项(DTT),但为了更准确地描述 TT 的位置,往往需要修正 TT 节点(MTT)。BSTEM 在迭代运算中直接将上一个水文事件崩塌后的岸坡轮廓输入下一个水文事件中,导致研究者无法确定 TT 的真实位置。本研究以初始岸坡中的 TT 高程为标准,修正模型输出的每一个岸坡轮廓,选择最接近原始 TT 高程的节点作为 MTT,为缺失坡脚顶点数据的岸坡提供合理的选择依据。

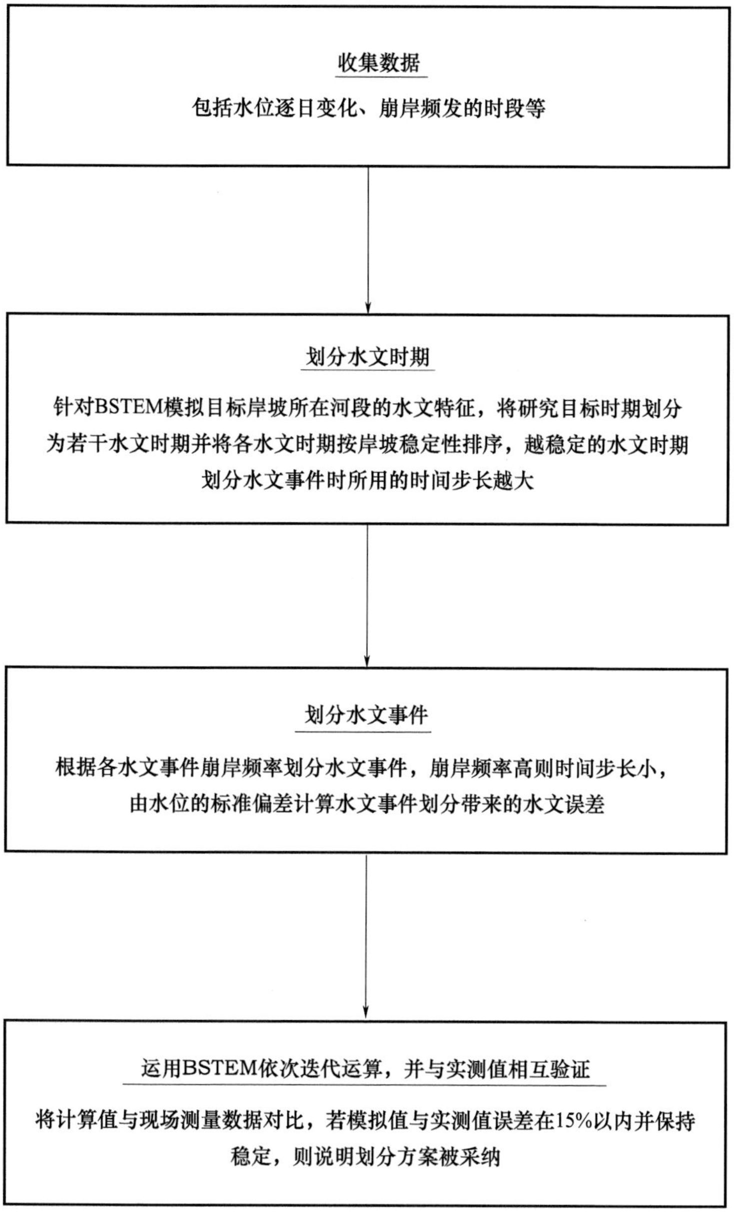

收集数据

包括水位逐日变化、崩岸频发的时段等

↓

划分水文时期

针对BSTEM模拟目标岸坡所在河段的水文特征，将研究目标时期划分为若干水文时期并将各水文时期按岸坡稳定性排序，越稳定的水文时期划分水文事件时所用的时间步长越大

↓

划分水文事件

根据各水文事件崩岸频率划分水文事件，崩岸频率高则时间步长小，由水位的标准偏差计算水文事件划分带来的水文误差

↓

运用BSTEM依次迭代运算，并与实测值相互验证

将计算值与现场测量数据对比，若模拟值与实测值误差在15%以内并保持稳定，则说明划分方案被采纳

图 6-7　水文事件划分流程图

以 Fs 临界点取 1.3 为例，在迭代模拟过程中修正 TT 的流程如图 6-8 所示。采用 DTT 将使坡脚持续向河床方向移动，最终落入河床中，导致描述河床的节点变多。但是 BSTEM 不考虑河道中的泥沙扰动，将河床高程视为恒定值，只需要两个节点即可确定河床高程。河床节点过多将导致节点的浪费，减少模型用于描述岸坡轮

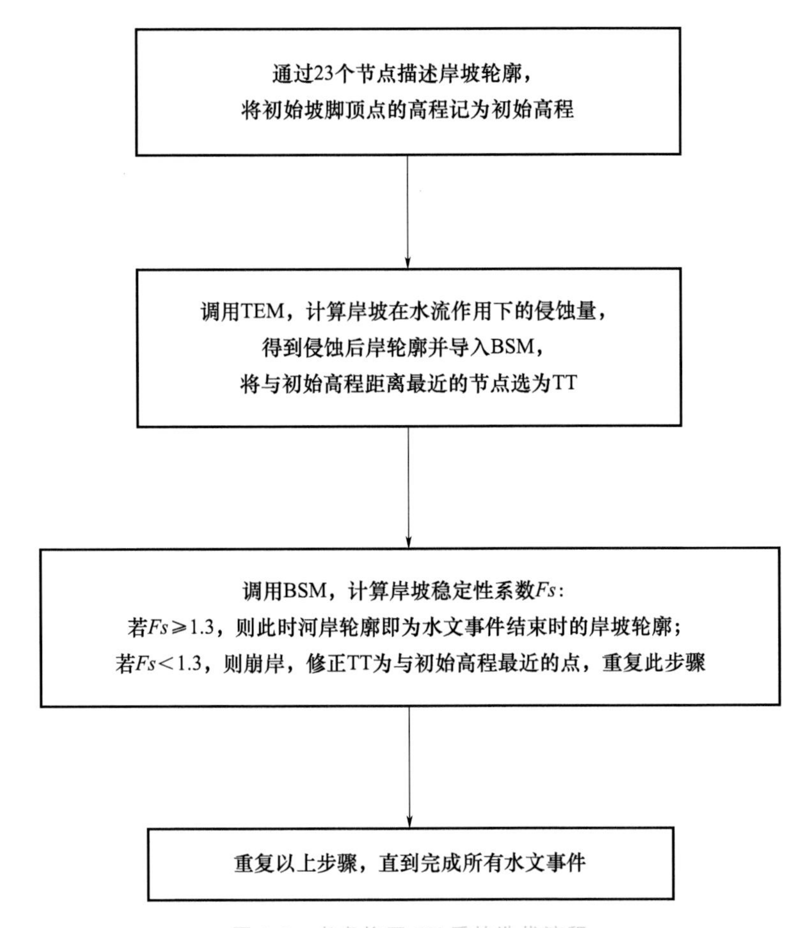

图 6-8　考虑修正 TT 后的迭代流程

廓的节点数量会降低模拟精度。本研究提出的 MTT 选择方法能够确保模型每一步迭代计算中的 TT 节点高程相似，避免了 DTT 落入河床的问题，进而达到准确描述岸坡变化、精确分析岸坡稳定性的目的。

6.5.3　选择效果分析

(1)对崩岸宽度结果的影响。在迭代操作中选择了及时修正 TT，即 MTT，这与以往的研究相同。但是，在计算过程中，发现 TT 的选择与节点的移动将对模拟结果产生影响，然而，尚且没有研究人员对 TT 的选择及对应的结果进行分析。为了给未来的研究人员提供参考，并为本研究接下来的内容确定 TT 选项，在第 6.5.2 节的基础上，补充了一组在 Plan E 和 Plan F 中采用 DTT 的计算，崩岸宽度的比较结果如图 6-9 所示。

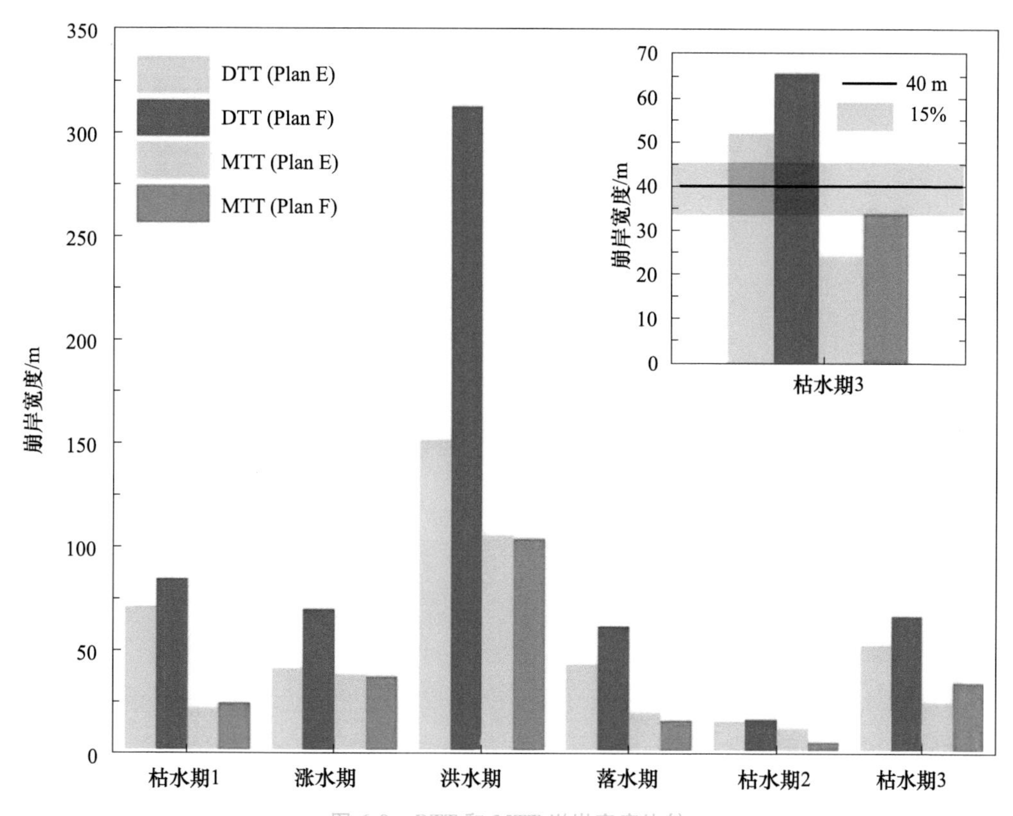

图 6-9　DTT 和 MTT 崩岸宽度比较

图 6-9 中，蓝色柱形图是本节中单独添加的选用 DTT 进行模拟的算例，绿色柱形图是选择 MTT 的模拟结果；浅色柱形图对应 Plan E 的模拟结果，深色柱形图对应 Plan F 的模拟结果；枯水期 3 的模拟结果被突出显示，并与测量值范围进行比较。采用 DTT 模拟得到的崩岸宽度在各个水文时期都格外高，在洪水期甚至超过了 300 m，这与荆江地区岸坡的实际情况不符；而采用 MTT 模拟得到的崩岸宽度值较小，Plan E 与 Plan F 的差异小。对于枯水期 3 的分析显示，相较于 DTT，采用 MTT 得到的模拟结果更接近于实测值。因此，使用 MTT 能够得到误差更小的模拟结果。

(2)对岸坡轮廓模拟的影响。在比较崩岸宽度的差异后，为了清晰地展示崩岸宽度给岸坡轮廓带来的影响，图 6-10 表明了选择 DTT 或 MTT 的岸坡轮廓变化差异，图中采用实心方块标记了 TT 在各岸坡轮廓中的位置。

在图 6-10a 至图 6-10d 中，均包括 1 条初始岸坡轮廓线和 5 个水文时期结束时的岸坡轮廓线。由此可知，选择 DTT 得到的累计崩岸宽度显著高于选择 MTT 得到的模拟结果。

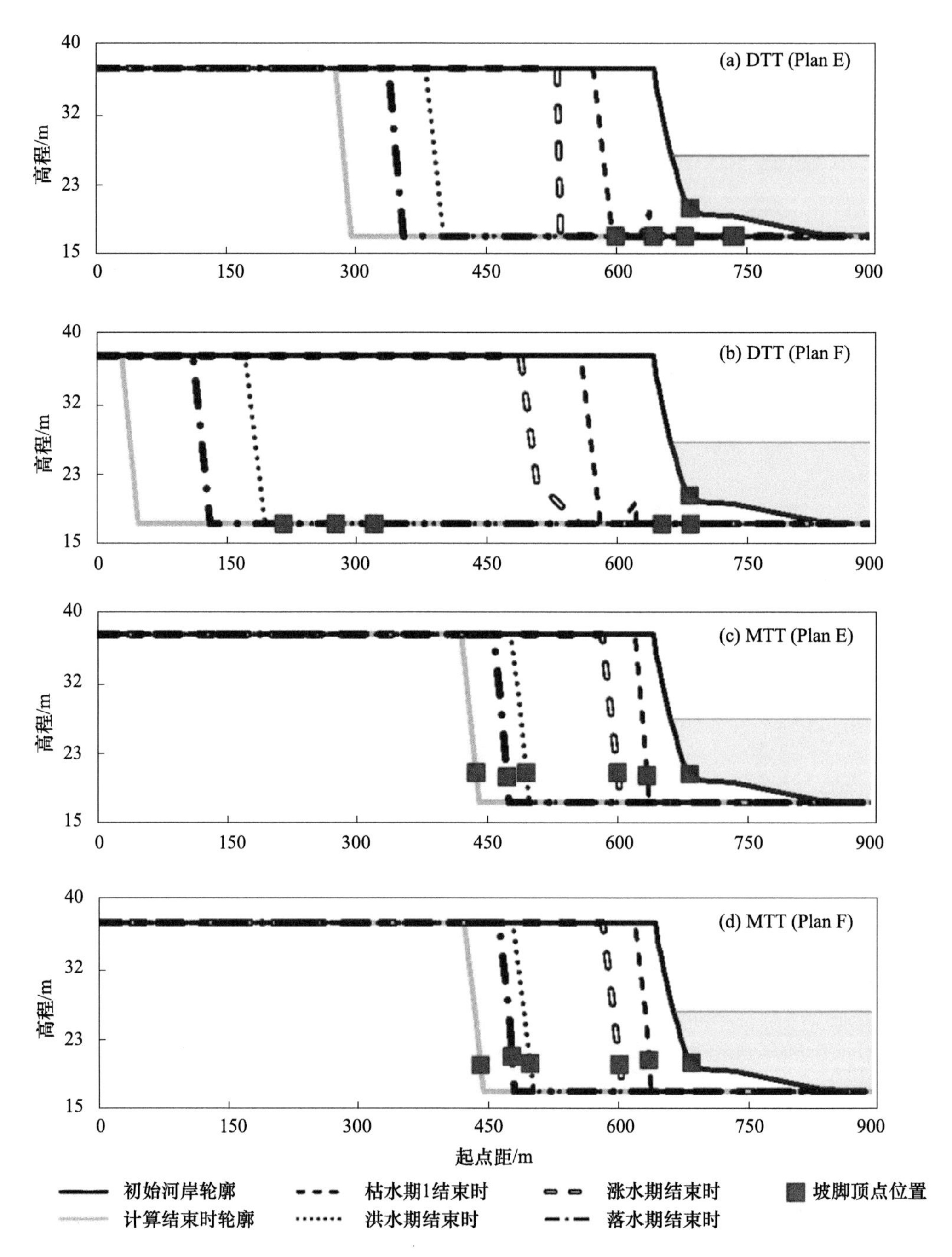

图 6-10　DTT 和 MTT 选择的岸坡轮廓变化对比

图 6-11 展示了 TT 的变化轨迹。MTT 是依据初始 TT 高程选择的节点。在 BSTEM 中,TT 可以从节点 $C\sim Q$ 中选择。因此,在 MTT(Plan E)和 MTT(Plan F)的算例中,TT 的位置呈现出小幅度波动。在 DTT(Plan E)和 DTT(Plan F)的算例中,TT 均落入河床中。DTT(Plan E)中 TT 甚至呈现出与崩岸方向相反的运动方向,这在实际情况中是不可能发生的。BSTEM 使用节点 $A\sim W$ 来描述岸坡轮廓,如果节点 Q 落入河床,则用来描述岸坡轮廓的点就会减少,进而导致岸坡轮廓描述不准确。因此,选择 MTT 取代 DTT 不论是对于获得更真实的 TT,还是对于岸坡节点分布都至关重要。

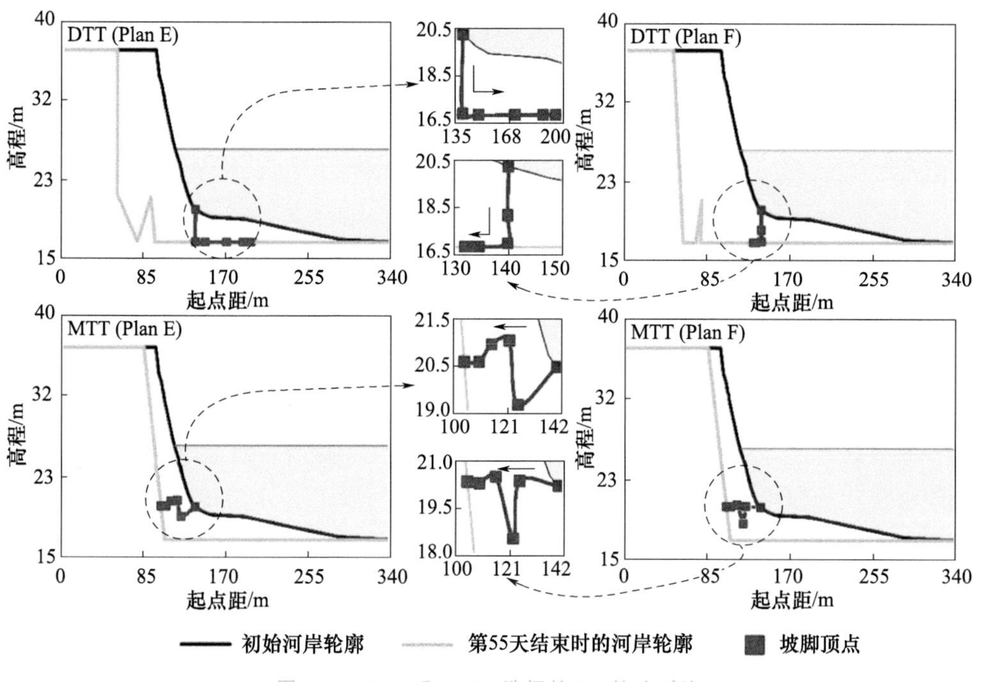

图 6-11　DTT 和 MTT 选择的 TT 轨迹对比

如果选择 MTT,那么随着模拟时间的推移,由于岸坡轮廓坐标的迭代更新,坡脚顶点将落到河床的位置上,如图 6-11 中 DTT(Plan E)和 DTT(Plan F)的算例所示。在自行选择坡脚顶点的情况下,则能够保证坡脚顶点在相对合理的位置,如图 6-11 中 MTT(Plan E)和 MTT(Plan F)的算例所示。

本节设置 MTT 的原则是根据初始 TT 高程(在本研究中为 20.2 m)进行修正,这一原则中的初始 TT 高程可根据具体研究地点的实际情况而改变。在 MTT(Plan E)和 MTT(Plan F)的模拟结果中,无论是崩岸宽度还是岸坡轮廓都几乎一致,说明此时计算结果不再随时间步长的缩小而发生改变。

6.6 岸坡稳定性 Fs 临界点取值

Fs 是维持岸坡稳定的力与驱动岸坡崩塌的力之比。BSTEM 认为 $1 \leqslant Fs < 1.3$ 表示岸坡处于条件稳定状态。以往的研究者对于条件稳定状态的处理看法不一。

有的研究者认为“条件稳定”和“稳定”都属于稳定状态，即当 $Fs \geqslant 1$ 时，岸坡都是稳定的；有的研究者则认为自然条件下存在很多突发的不确定因素，在 $1 < Fs < 1.3$ 的情况下，岸坡不稳定，容易发生崩岸，只有 $Fs \geqslant 1.3$ 才能判断岸坡稳定[40,41,88]。表 6-3 展示了 5 项典型研究选用的 Fs 边界点。

此外，也有研究者摒弃了 BSTEM 默认的判断标准方案，如 Gong 等[24]出于在广阔的研究区域内细致划分岸坡稳定性等级的研究目的，设置了 1、1.25、1.5、1.75 共 4 个边界点，将稳定性分为 5 个等级：不稳定($Fs \leqslant 1.00$)、潜在不稳定($1.00 < Fs \leqslant 1.25$)、基本稳定($1.25 < Fs \leqslant 1.50$)、比较稳定($1.50 < Fs \leqslant 1.75$)和稳定($Fs > 1.75$)。由此可见，对于 Fs 边界点的设定是比较灵活的，需要研究者根据研究区域的实际情况进行选择。

本研究分别选取 $Fs=1.0$ 和 $Fs=1.3$ 作为边界点，运用 IR 进行不同边界点模拟结果的对比计算。

考虑到自然条件下的突发情况和不确定因素，依据前人经验[40]，本章将处于条件稳定状态($1 \leqslant Fs < 1.3$)下的岸坡记为不稳定，取 1.3 作为 Fs 的边界点。但以往大多国外的研究人员倾向于选取 $Fs=1.0$，即将处于条件稳定状态的岸坡记为稳定。为了比较不同 Fs 边界点的选择对模拟结果的影响，本节对比了选取 $Fs=1.0$ 和 $Fs=1.3$ 作为边界点的模拟结果中 Fs 的变化趋势和崩岸宽度的差异。

表 6-3 Fs 边界点的选择

文献	边界点	研究目的	研究结论
Langendoen 等[39]	1.0	确定冲沟头和岸坡的稳定坡度	研究区域内，稳定岸坡的坡度在 75°(岸高 3 m)～47°(岸高 6 m)
Khanal 等[38]	1.0	比较使用非线性分离模型与线性过剩剪应力方法进行 BSTEM 河流侵蚀计算时的性能差异	非线性分离模型结果更接近于现场观测；使用线性过剩剪应力法的模拟结果在河段尺度上比其他情况更好

续表

文献	边界点	研究目的	研究结论
Semmad 等[21]	1.0	对泰国南部长期高流量岸坡进行耦合稳定性分析	模拟结果与自然情况一致，岸坡的横向侵蚀是发生悬臂破坏的主要原因
王军等[41]	1.3	研究干湿交替对黏性海滩土和岸坡稳定性力学特性的影响	计算选用的两个截面的崩岸宽度与实际情况一致，误差分别为1.69%和3.74%
杨涵苑[40]	1.3	基于1981—2014年水文数据，使用BSTEM在恒定流量条件下模拟岸坡坍塌过程	在恒定流速的情况下，坡脚冲刷率和崩岸宽度随着流速的增加而增加

6.6.1 对 Fs 的影响

图6-12展示了Plan C至Plan F共4个时间步长划分下的 Fs 变化情况。灰色实线选取 $Fs=1.0$ 为判断崩岸的边界点时，各水文事件的 Fs 变化，红色虚线指 $Fs=1.0$；黑色实线选取 $Fs=1.3$ 为判断崩岸的边界点时，各水文事件的 Fs 变化，红色实线指 $Fs=1.3$。灰白相间的背景色带代表不同的水文时期，从左至右依次为枯水期1、涨水期、洪水期、落水期、2006年的枯水期2和枯水期3，图中仅标记2005年的4个水文时期，将2006年的2个枯水期合并为1个灰色带表示。

在Plan C中，黑色实线跨越了红色实线和红色虚线，整体上位于红色实线与红色虚线之间，说明选用 $Fs=1.3$ 为边界点进行迭代计算得到的 Fs 普遍小于1.3，分布在1.0上下；灰色实线位于红色虚线下方，这说明选用 $Fs=1.0$ 为边界点进行迭代计算得到的 Fs 普遍小于1.0，远小于1.3。黑色实线与灰色实线虽然高度不一，但是两组数据的皮尔逊相关性系数为0.632，呈强相关性[89]。枯水期平均值较高且波动剧烈，涨水期和落水期平均值较低且波动剧烈，洪水期平均值较低但较为平稳。这主要是洪水期水文事件划分细致，单个水文事件持续时间较短，对岸坡稳定性的改变较小；另一方面是洪水期时水位持续在较高水平，相较于其他水文时期而言波动较小。

在Plan D中，黑色实线靠近红色实线，整体高于红色虚线，说明选用 $Fs=1.3$ 为边界点进行迭代计算得到的 Fs 分布在1.3左右，整体略小于1.3、高于1.0；灰色实线整体上低于红色虚线，但部分波动值偏高，说明选用 $Fs=1.0$ 为边界点进行迭代计算得到的 Fs 略小于1.0，远小于1.3。黑色实线与灰色实线的皮尔逊相关性系数为0.725，呈强相关性[89]，洪水期平均值较低，但波动较小。

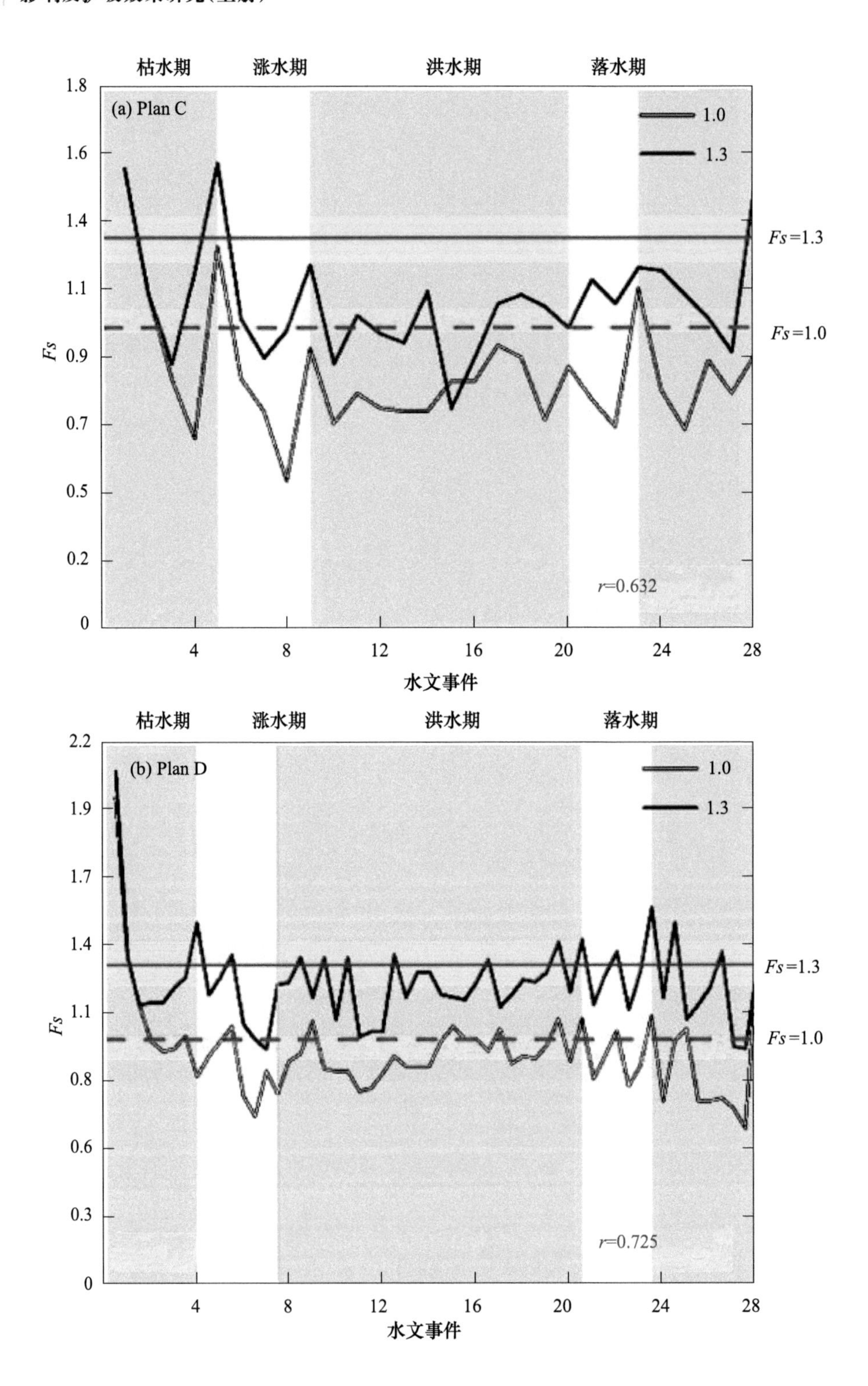
枯水期
涨水期
洪水期
落水期
(a) Plan C
1.0
1.3
Fs=1.3
Fs=1.0
Fs
r=0.632
水文事件
枯水期
涨水期
洪水期
落水期
(b) Plan D
1.0
1.3
Fs=1.3
Fs=1.0
Fs
r=0.725
水文事件

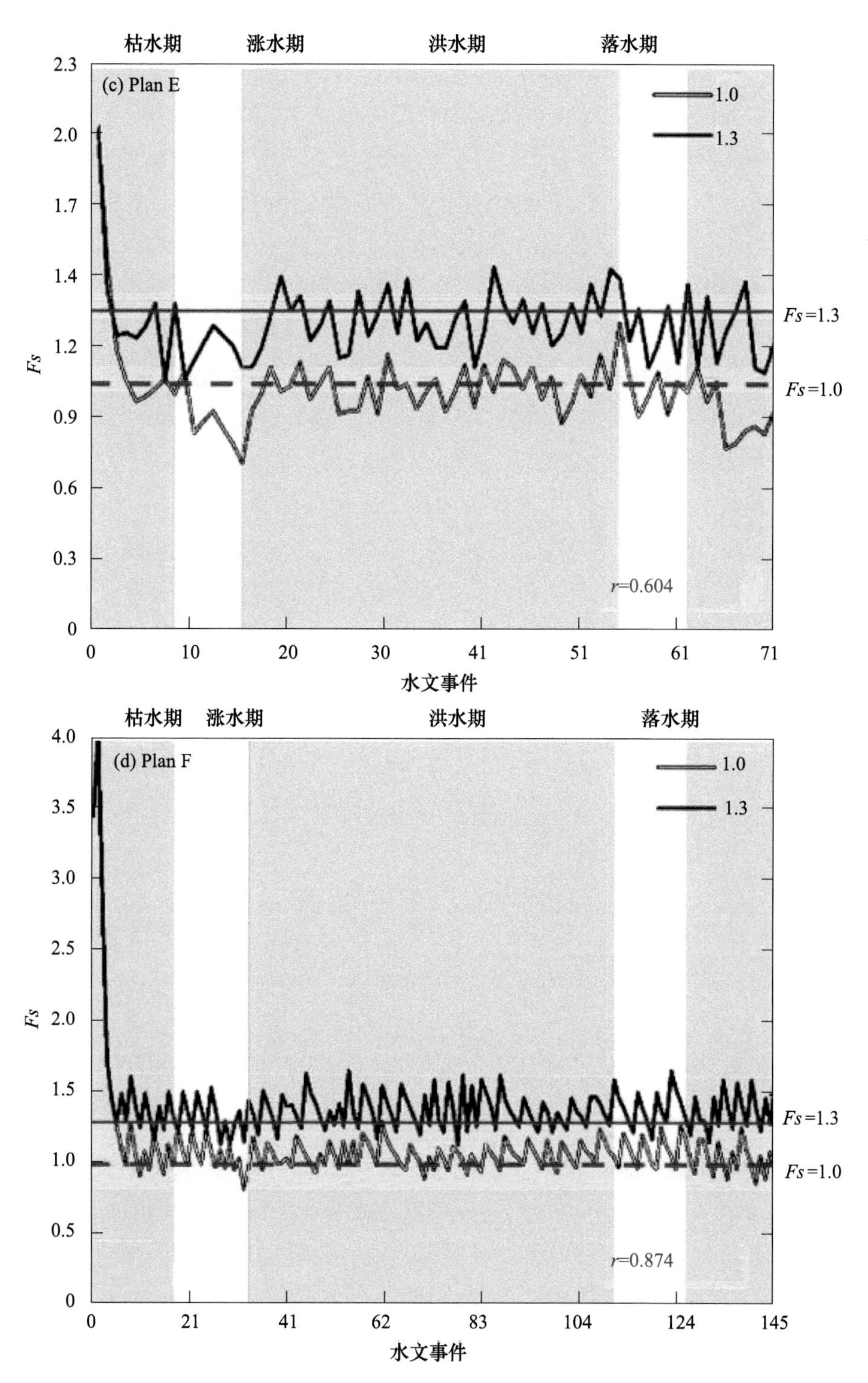

图 6-12　*Fs* 边界点选择对 *Fs* 变化的影响

在 Plan E 中,由于时间步长的变化幅度较小(由 56 个水文事件增长为 71 个水文事件,涨幅 26.79%),其整体与 Plan D 相似,但是黑色线与红色线间的距离更远。黑色实线在红色实线上下波动,整体上高于红色虚线,这说明选用 $Fs=1.3$ 为边界点进行迭代计算得到的 Fs 分布在 1.3 左右,高于 1.0;灰色实线位于红色虚线上下,这说明选用 $Fs=1.0$ 为边界点进行迭代计算得到的 Fs 分布在 1.0 左右,小于 1.3。$Fs=1.0$ 和 $Fs=1.3$ 这两组数据的皮尔逊相关性系数为 0.604,呈强相关性[89],黑色实线与灰色实线均呈现较为密集的波动,其中,洪水期的波动范围最小。

在 Plan F 中,除了刚开始的几个水文事件 Fs 较高以外,其余 Fs 均呈现规律性波动。由此推断,当细致划分水文事件时,Fs 的变化不受水文时期的影响。黑色实线整体上高于红色实线,灰色实线整体上高于红色虚线,两组数据的皮尔逊相关性系数达 0.874,具有极强的相似性[89],说明选用 $Fs=1.3$ 或 $Fs=1.0$ 为边界点进行迭代计算将影响 Fs 的结果范围,但不影响对于岸坡稳定性的判断,对于波动趋势几乎没有影响。即边界点的选择将影响 Fs 值,但不影响 Fs 的波动趋势和岸坡稳定性的判断。这也说明在对以往研究的分析中,不能只凭 Fs 的值来比较岸坡稳定性,而需要结合研究中所采用的 Fs 边界点进行具体分析。

综合分析可知,在小时间步长下(Plan E 和 Plan F),Fs 边界点的选取对于模拟结果中的 Fs 变化趋势扰动较小,主要影响 Fs 波动范围,即选取 $Fs=1.3$ 使得 Fs 在 1.3 左右波动,且普遍高于 1.3,选取 $Fs=1.0$ 使得 Fs 在 1.0 左右波动,且普遍高于 1.0,对于 Fs 的变化趋势几乎没有影响;在大时间步长下(Plan C 和 Plan D),Fs 边界点的选取对于模拟结果中 Fs 变化的影响较大,不仅改变 Fs 的波动范围,对于个别水位变化剧烈的水文事件也将影响到 Fs 的变化趋势。

6.6.2 对崩岸宽度的影响

图 6-13 展示了 Plan C 至 Plan F 共 4 个时间步长划分方式下的 Fs 临界点的不同选择给崩岸宽度带来的影响。

图 6-13 中,灰色柱形图和黄色柱形图分别是在选取 $Fs=1.0$ 和 $Fs=1.3$ 为边界点时各水文时期的崩岸宽度值。

在 Plan C 中,除枯水期 3 外,黄色柱形图均高于灰色柱形图;两组柱形图中崩岸宽度最大的水文时期均为洪水期,其次为涨水期,落水期与枯水期 1 的崩岸宽度相似。在 Plan D 中,除枯水期 2 外,黄色柱形图均高于灰色柱形图;两组柱形图中各水文时期的崩岸宽度关系与 Plan C 中相似,崩岸宽度从大到小依次为洪水期、涨水期、落水期、枯水期 1。在 Plan E 中,黄色柱形图均高于灰色柱形图;两组柱形图中各水

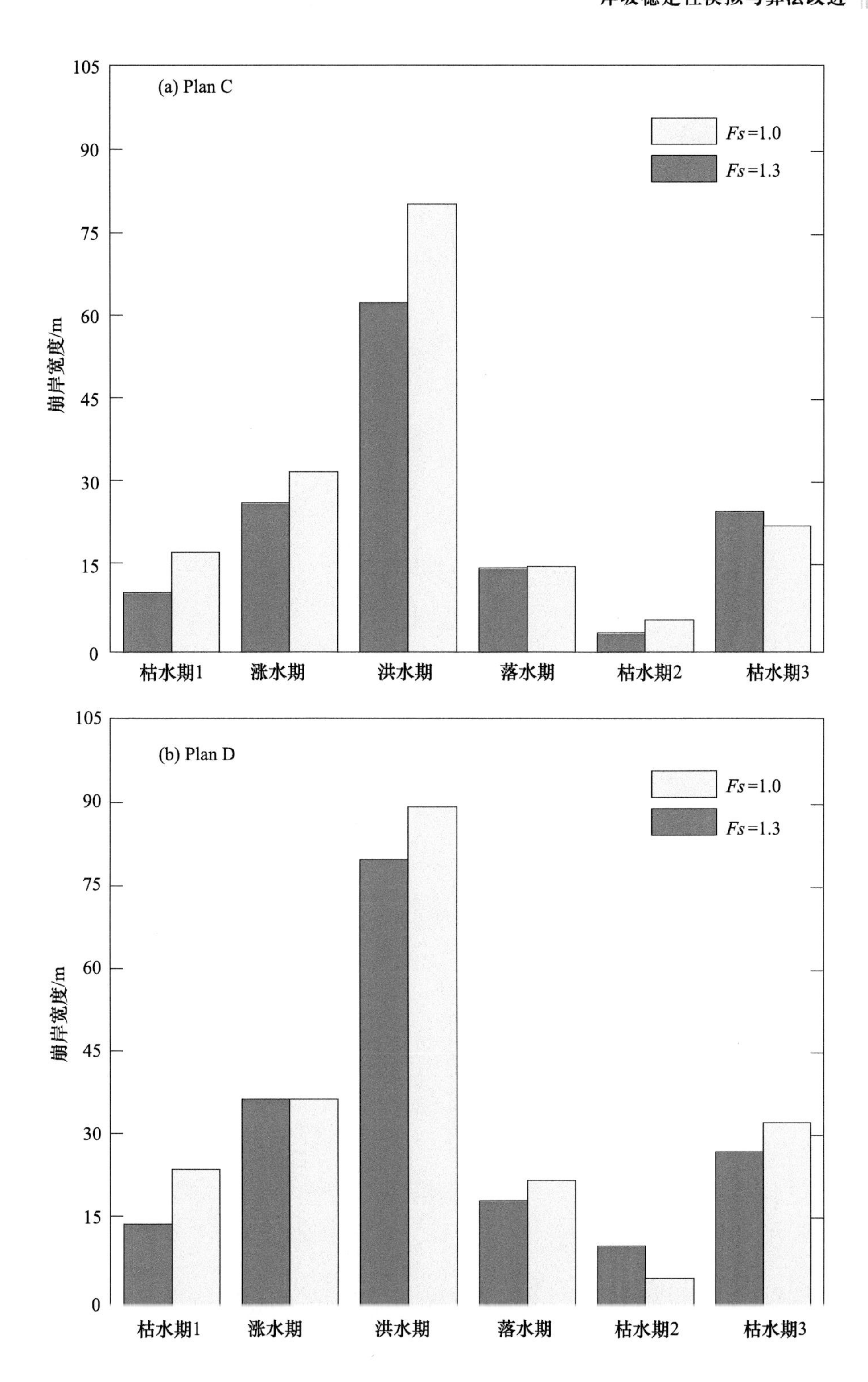
(a) Plan C
Fs=1.0
Fs=1.3
崩岸宽度/m
105
90
75
60
45
30
15
0
枯水期1
涨水期
洪水期
落水期
枯水期2
枯水期3
(b) Plan D
Fs=1.0
Fs=1.3
崩岸宽度/m
105
90
75
60
45
30
15
0
枯水期1
涨水期
洪水期
落水期
枯水期2
枯水期3

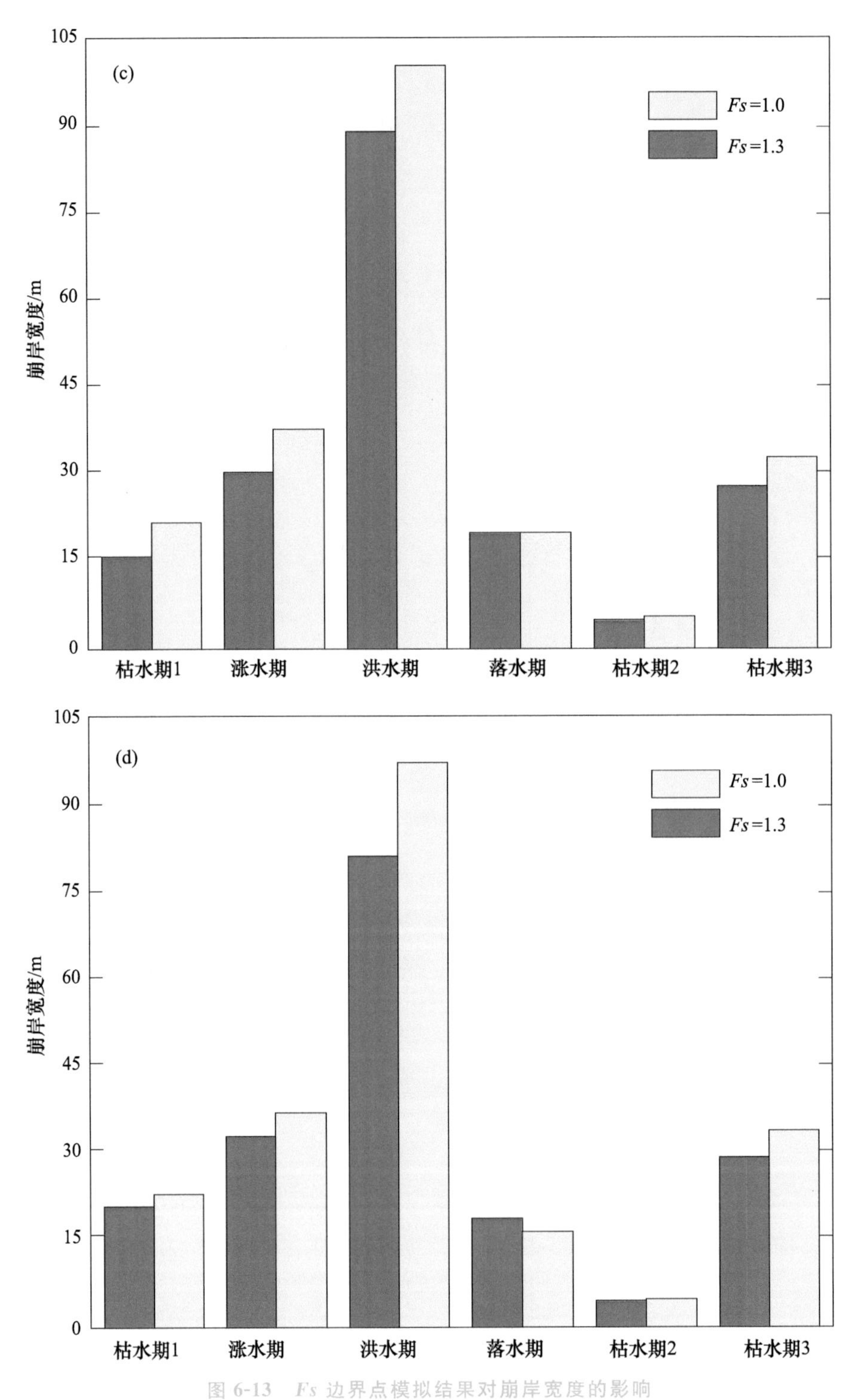

图 6-13 *Fs* 边界点模拟结果对崩岸宽度的影响

文时期的崩岸宽度规律与 Plan C 和 Plan D 相似。在 Plan F 中，除落水期外，黄色柱形图均高于灰色柱形图；两组柱形图中各水文时期的崩岸宽度规律与前 3 个时间步长划分方案相似。总体来看，选取 $Fs=1.0$ 比选取 $Fs=1.3$ 获得的崩岸宽度值小 8.02%～18.15%，在枯水期 3 中，$Fs=1.0$ 与 $Fs=1.3$ 的崩岸宽度相对误差为 13.30%，与实测值的相对误差为 26.18%。

综上分析可知，Fs 边界点的选取将影响崩岸宽度的模拟结果，选择较大的边界点将导致计算结果中的崩岸宽度增大。分析其原因，可能是当对岸坡稳定的判断标准提高后，岸坡被判为不稳定的水文事件将会增多，从而增大崩岸宽度的计算结果。此外，不论 Fs 边界点如何选取，整体上来看都是洪水期的崩岸宽度最大，涨水期次之，枯水期和落水期较小。

以往的研究者对 Fs 边界点的偏向性主要取决于目标区域的岸坡状态。对于容易发生崩岸的区域，需要提高模型敏感性，选取 1.3 或更大的值作为 Fs 边界点；对于自然因素稳定，或在实验室搭建的概化岸坡，选取 1.0 就足够满足研究需要。总之，需要因地制宜地设置 Fs 边界点，并通过实测值和模拟结果的对比判断边界点选择方案是否可行。本研究考虑到荆江崩岸频繁，岸坡处于自然状态，不确定因素较多，且经过与实测值对比后发现选取 1.3 的模拟结果更准确，所以本书在后续的研究中选择 1.3 作为 Fs 边界点。

6.6.3 对河道比降的影响

同一河道不同位置上的河道比降往往是变化的，不同的河道比降的水力效应不同，河道比降越大的区域水流效果越强烈，岸坡受到的侵蚀越剧烈，崩岸越容易发生。本研究选用的河道比降为 0.05‰，在时间步长划分方案为 Plan D 时，采用 20.2 m 作为坡脚顶点，Fs 边界点取 1.3，运用 IR 进行计算，得到的崩岸宽度为 32.26 m，与实测值(40 m)的相对误差为 19.35%；采用 Plan F 计算得到的崩岸宽度为 34.06 m，相对误差为 14.85%。为了验证这一结果，结合荆江河道比降的变化，本节主要讨论了在荆江河道比降变化范围内岸坡的崩岸宽度与实测值的误差。

我国江河大部分为自西向东流动，这与我国地势西高东低有关，比降是江河流动过程中海拔下降高度与流经长度的比值，是驱动江河流动的主要因素[44,90-94]。图 6-13 显示，虽然 Plan F 的时间步长已经非常小，采用 OR 和 IR 的计算结果相近，但崩岸宽度仍然小于实测值，相对误差为 15%，这可能是因为选取的河道比降偏小。

根据长江科学院林木松等[95]的研究，荆江的河道比降在 0.01‰～0.088‰；童潜明[96]的研究显示，自然状态下的城陵矶以上荆江河段平均比降为 0.05‰；李林刚[97]

在研究三峡库区下游支流时，将河床比降定为0.05‰。为分析荆-150断面在不同河道比降下的崩岸情况，在此前以0.05‰为河道比降的研究基础上，本节采用Plan D的时间步长划分方案，分别选用0.01‰和0.088‰作为河道比降，对荆-150断面进行分析。

图6-14展示了在Plan D的时间步长划分方式下，河道比降分别为0.088‰、0.05‰、0.01‰时边界剪应力的变化情况。

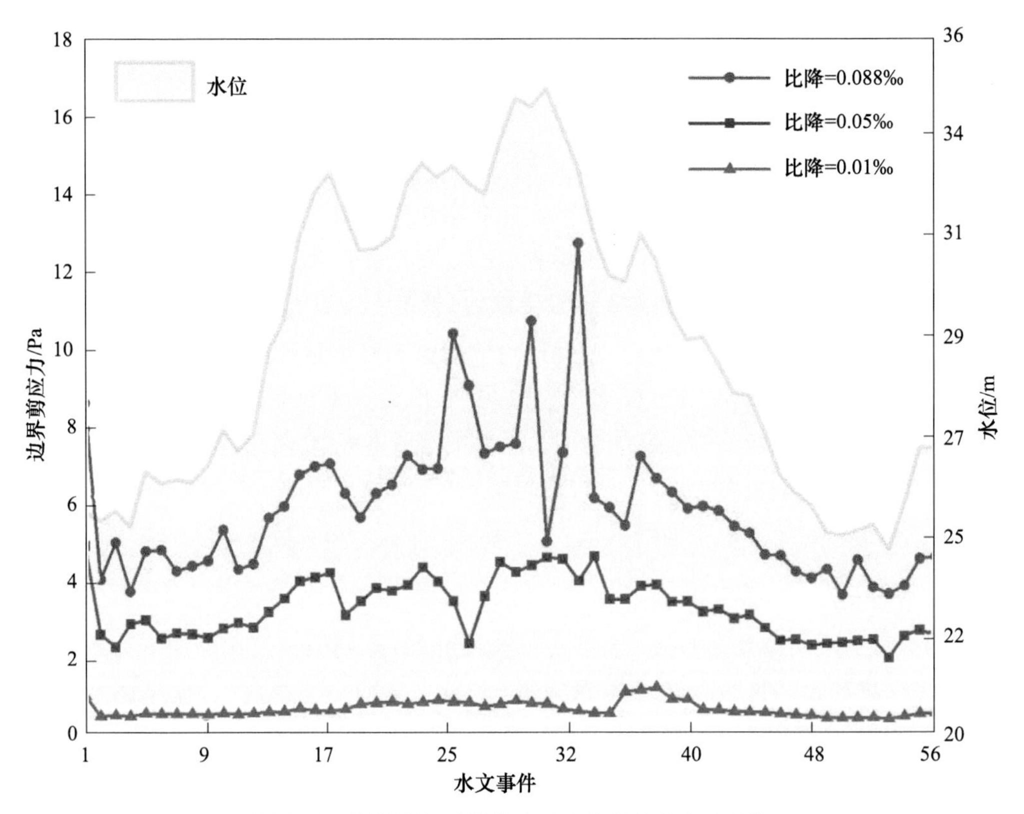

图6-14 河道比降对模拟结果中边界剪应力的影响

图6-14中，红色折线、灰色折线和蓝色折线分别代表河道比降为0.088‰、0.05‰和0.01‰时，经TEM模块计算得到的各水文事件中的边界剪应力的变化情况，淡蓝色的折线背景代表水位的变化情况。

红色折线普遍高于4 Pa。傅春等[98]建立了一个描述垂线平均流速和边界剪切应力横向分布的模型，经过与实测结果的比较，边界剪应力在0～2 Pa的范围内；赵盖博等[99]定量研究了潮流和风浪对海底剪应力的影响，观测结果显示海底剪应力在0～1.9 Pa；袁帅等[84]运用BSTEM分析了9种工况的边界剪应力和岸坡轮廓变化，结果显示边界剪应力在4～6 Pa。以上文献均可说明本研究中边界剪应力值处在合理范围内。红色折线的变化情况与水位的变化趋势非常相似:在洪水期时,边界剪应力居于高位并呈现剧烈的波动;在涨水期时,剪应力呈波动上升趋势;在落水期时,剪应力呈下降趋势;在枯水期时,剪应力存在小幅度波动,整体稳定处于较低水平。

灰色折线总体上位于2~4 Pa。折线的变化情况与水位的变化趋势比较相似:在洪水期时,边界剪应力呈现剧烈波动,总体而言居于高位;在涨水期时,剪应力有轻微上升趋势;在落水期时,则呈下降趋势;在枯水期时,剪应力存在小幅度波动,整体处于较低水平。

蓝色折线始终低于1 Pa。折线的变化情况与水位的变化趋势基本无关:无论哪一个水文时期,剪应力始终稳定地维持在较低水平,在水文事件32~40中出现了小幅度抬升,但很快降低并保持稳定。

整体而言,河道比降对剪应力的影响与对 *Fs* 的影响相反。当河道比降为0.01‰时,剪应力最小,平均值为0.63 Pa;当河道比降为0.05‰时,剪应力平均值为3.22 Pa;当河道比降为0.088‰时,剪应力最大,平均值为5.81 Pa。

综合分析可知,河道比降与边界剪应力成正比,较高河道比降将显著提高边界剪应力对水位变化的响应能力。在河道比降增加的情况下,边界剪应力增大,岸坡受到的冲刷作用更强,岸坡侵蚀加剧,进而降低岸坡稳定性,直接导致 *Fs* 的减小,这与河道比降增大导致 *Fs* 减小的结论相符。

6.7 改进模型崩岸宽度的实测验证

图6-15展示了在改进迭代算法和修正参数后,河道比降分别为0.088‰、0.05‰和0.01‰时崩岸宽度的变化情况和枯水期3的崩岸宽度。图中,红色折线、灰色折线和蓝色折线分别代表河道比降为0.088‰、0.05‰和0.01‰时,计算得到的2005年各水文时期的崩岸宽度变化情况,柱形图表示枯水期3的崩岸宽度。

红色折线值普遍较高,表明当河道比降为0.088‰时,枯水期和落水期的崩岸宽度相近,分别为36.96 m和36.56 m。涨水期时,崩岸宽度抬升至53.30 m,洪水期崩岸宽度激增,并达到顶峰143.66 m。红色柱形图显示,当河道比降为0.088‰时,枯水期3崩岸宽度高达40.87 m。

灰色折线位于红色折线下方,枯水期的崩岸宽度和落水期相似,分别为23.90 m和22.23 m,涨水期时崩岸加剧,崩岸宽度达到37.12 m,洪水期时由于水位持续居高不下,崩岸宽度达到89.43 m。灰色柱形图的宽度略低于红色柱形图,为32.26 m。

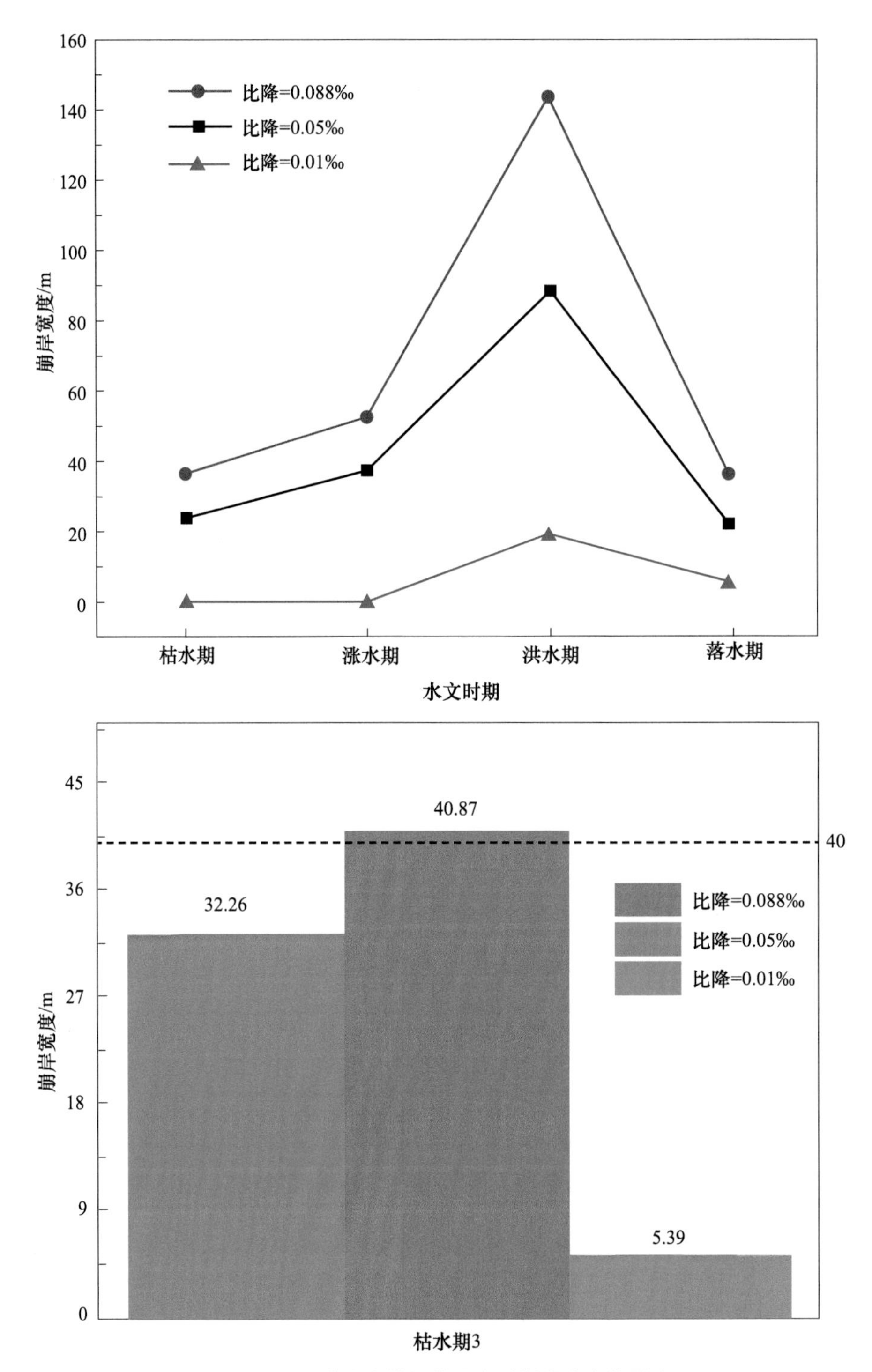

图 6-15　河道比降模拟结果中对崩岸宽度的影响

蓝色折线位于3组折线的最下方，枯水期和涨水期没有发生崩岸，崩岸宽度为0 m，落水期时发生了一次4.95 m的崩岸，洪水期时的崩岸宽度达到顶峰19.35 m。蓝色柱形图显示枯水期3的崩岸宽度为5.39 m。

整体来看，河道比降越大，崩岸宽度越大，崩岸现象越严重；不论河道比降如何变化，洪水期时的崩岸现象相较于其他水文时期而言都是最严重的。对于枯水期3而言，据《中国河流泥沙公报(2006)》[79]和《长江泥沙公报(2006)》[80]记载，2006年3月上旬，下荆江25＋314段至25＋677段(长363 m)崩岸严重，最大崩岸宽度达40 m。模拟结果显示，当河道比降采用该河段平均值0.01‰时，崩岸宽度为5.39 m；当河道比降采用该河段平均值0.05‰时，崩岸宽度为32.26 m；当河道比降取河段最大值0.088‰时，崩岸宽度为40.87 m。最大崩岸宽度与观测到的最大崩岸宽度相对误差仅为2.2%，证明通过本章提出的迭代算法的改进、时间步长的选择、坡脚顶点的修正、地下水位滞后的算法等层层优化后，模型的合理性和模拟结果的准确性得到提升。

6.8 地下水滞后效应及其影响

6.8.1 地下水滞后效应

受土壤渗透性的影响，河道中水位的升降与土壤中地下水位的升降存在时间差，当河道水位上升时，水流渗入岸坡土壤所需的时间取决于土壤的渗透性，在河道水位下降时，土壤的持水性导致地下水位下降缓慢，这就是地下水的滞后现象[26,32,34,44]。水位上升、下降的速率越快，岸坡中地下水位的滞后影响越明显[90]。

Simon等[26]分析了整个研究时间段内的水位，若水位下降，则采用新的河道水位与此前的地下水位，再次运算BSM模块，以此来计算地下水滞后给岸坡带来的影响。由于改进后的迭代算法IR多次计算BSM的思路与Simon等计算地下水位滞后相似，且Simon等是最早开始推广BSTEM的科研工作者之一[4,26,91,92]，因此，本研究采用Simon等的处理方案：对于河道水位下降的水文事件，在原迭代算法完成后，对河道水位下降、地下水位滞后的情景进行BSM计算，以此来判断地下水滞后对岸坡稳定性模拟带来的影响。当河道水位下降时，先保持地下水位不变，采用下降后的河道水位与原地下水位进行BSM计算，待岸坡稳定后再进行下一个水文事件的计算。

本节分别计算了忽视土壤渗透性与持水性(记为地下水同步)和考虑地下水滞

后效应(记为地下水滞后)2 个算例,并对比 2 个算例的崩岸宽度。根据本章前文的分析,采用 IR 进行迭代运算,选取 MTT,*Fs* 边界点取 1.3。以时间步长划分方案 Plan D 为例,分析地下水滞后对模拟结果的影响。

6.8.2 滞后效应的计算方法

本研究将 Simon 等[26]的地下水滞后计算方案与 IR 结合,对地下水滞后的计算流程修正如下:

在计算中地下水位与河道水位保持一致,如果水文事件 $n+1$ 的水位低于水文事件 n,则在水文事件 n 完成 IR 的计算流程后,采用新的河道水位和旧的地下水位再次运行 BSM,以此体现地下水位滞后效应,测试在水位下降时的岸坡稳定性。图 6-16 展示了在 Plan D 的时间步长划分方式下的水位过程线。

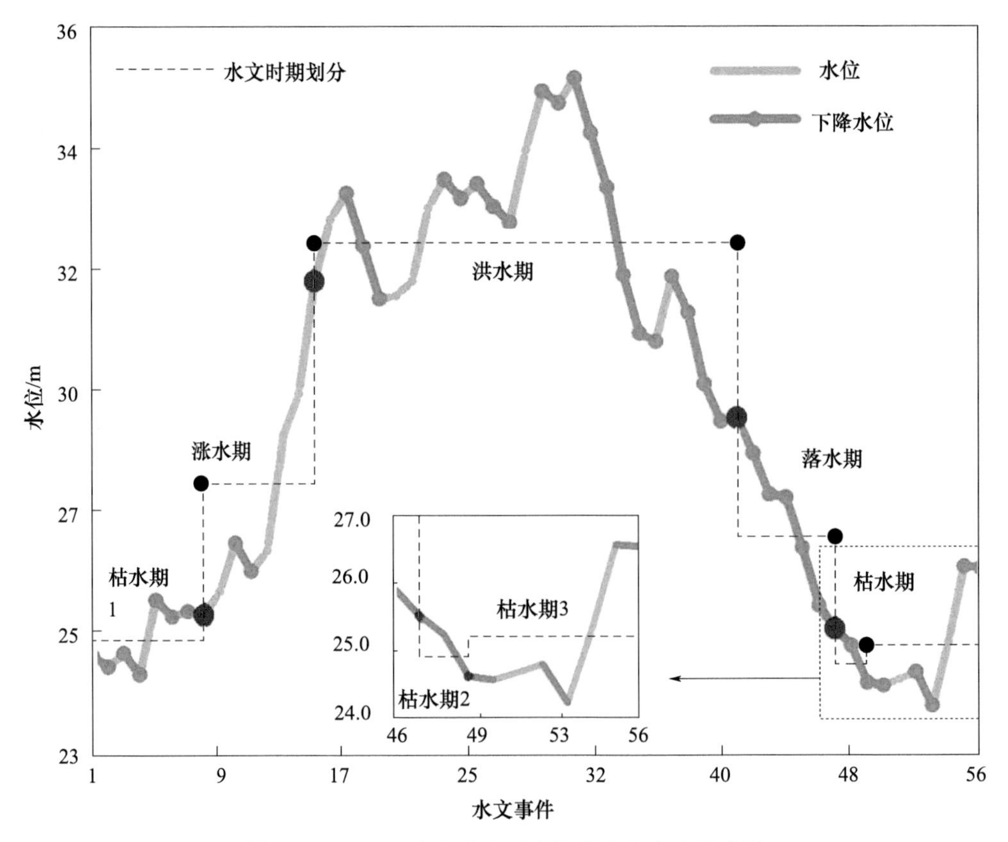

图 6-16 Plan D 中各水文时期河道水位变化示意图

图 6-16 中,黑色阶梯状虚线表示水文时期,阶梯的宽度和高度分别表示水文时期所含的水文事件数和平均水位。由于枯水期 1~3 的水位特征相似,因此都标记为

枯水期。蓝色折线是水位过程线，在蓝色折线的基础上，绿色折线表示所有水位下降的水文事件，红色节点为各水文时期的临界点。

各水文时期都具有鲜明的特征，枯水期时水位低平且相对稳定，涨水期时水位迅速抬升，洪水期时水位维持在较高的水平并剧烈波动，落水期时水位急剧下降，随后再次进入枯水期。涨水期中的绿色线段最少，仅发生了 1 次水位下降事件；枯水期中水位虽然低，但也存在波动；洪水期中水位波动剧烈，有 14 个水文事件水位下降，其中，水文事件 32～36 连续下降，累计 4.43 m；落水期蓝色的水位过程线完全被绿色折线覆盖，水位连续下降，累计 3.55 m。

6.8.3 对崩岸宽度的影响

图 6-17 比较了地下水同步与地下水滞后两组算例在 Plan D 的时间步长划分方式下各水文时期的崩岸宽度。

在图 6-17 中，灰色柱形图表示地下水位与河道水位同步变化时的崩岸宽度，红色柱形图表示考虑地下水滞后时的崩岸宽度。

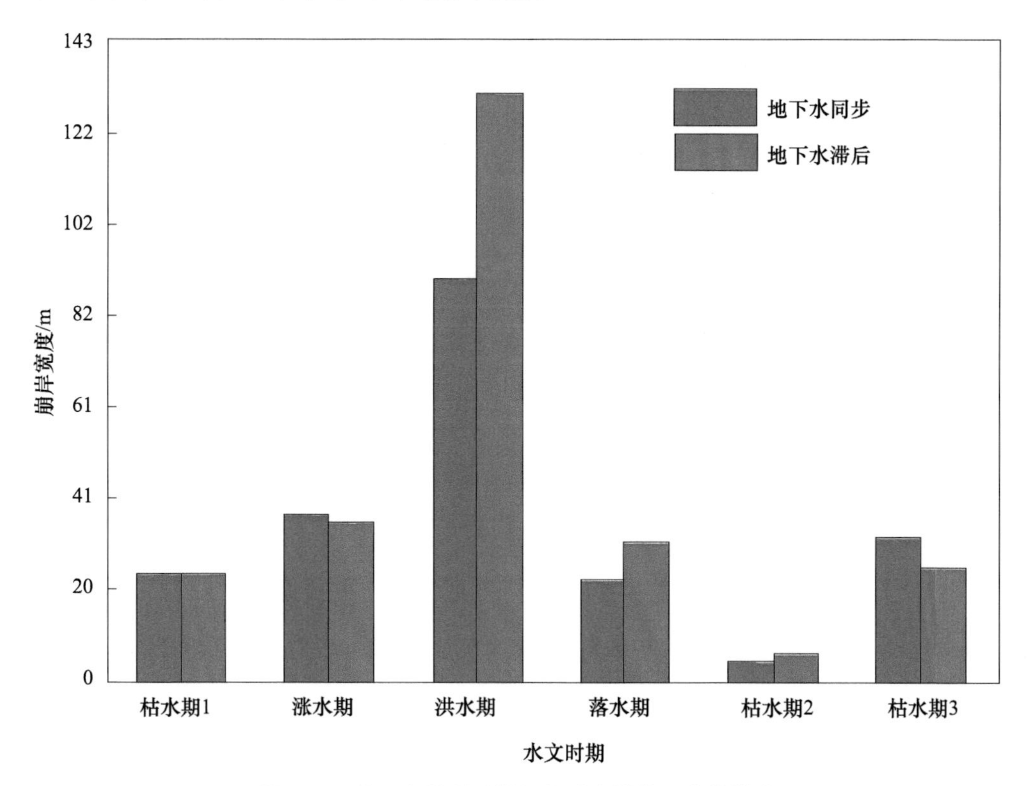

图 6-17 地下水滞后对模拟结果中崩岸宽度的影响

总体来看，考虑地下水滞后将导致涨水期、枯水期3的崩岸宽度减小，洪水期、落水期和枯水期2的崩岸宽度增加。由图6-17可知，涨水期和枯水期3中河道水位均有大幅抬升，因此，这2个水文时期的崩岸宽度减小可能与水位上涨有关[93]。洪水期和落水期考虑地下水滞后，导致崩岸宽度相较于地下水同步有大幅度增长，这是因为这2个水文时期频繁地出现河道水位下降的水文事件。在水位下降过程中，地下水位的下降滞后于河道水位，岸坡内产生指向坡面方向的渗流，不利于岸坡稳定；在河道水位快速下降时，岸坡内的孔隙水压力来不及消散，而岸坡外的静水压力下降较快，形成了较大的超孔隙水压力，也对岸坡稳定不利[94]。

纵观Plan D中的各水文时期，涨水期水位整体呈上升趋势，考虑地下水的滞后性导致崩岸宽度降低了4.85%；落水期水位持续下降，考虑地下水的滞后性导致崩岸宽度增加了39.41%。洪水期和枯水期水位处于波动状态，洪水期时水位高且波动剧烈，枯水期时水位低且存在小幅波动。洪水期水位下降的水文事件数占53.85%，考虑地下水的滞后性导致崩岸宽度增加了46.43%；枯水期1～3受地下水滞后的影响均较小：枯水期1中两组算例的相对误差为0.002，枯水期2所含的水文事件均为水位下降事件，所以在考虑地下水滞后的算例中崩岸宽度增加，枯水期3中两组算例的误差主要由岸坡轮廓导致。

综上分析可知，地下水的滞后性对模拟结果中的崩岸宽度有很大影响，丁彬[44]通过BSTEM分别计算了地下水位同步和滞后情况下的岸坡稳定性，结果显示，地下水滞后所得的崩塌宽度更大、崩塌次数更多，说明地下水位滞后对岸坡稳定性有不利影响。杨斌[94]认为，当河道水位下降时，地下水位的下降速度比河道水位慢，坡体孔隙水压力虽然急剧下降，但不会完全消散，岸坡中的静水压力会随着水位的降低而迅速消失，从而促使岸坡崩塌。这与本研究中地下水的滞后性在水位上升时有助于维持岸坡稳定、在水位下降时倾向于破坏岸坡稳定的结论一致。

后续可考虑降雨对岸坡稳定性的影响、水库水位变化对岸坡稳定性的影响、风浪对岸坡稳定性的影响、植被生态护坡对岸坡稳定性的影响，并建立考虑降雨、近岸坡水流、水库水位、地下水位以及风浪侵蚀影响的水库岸坡崩岸模拟数学模型，为岸坡加固提供理论指导[100-170]。

参考文献

[1] JI F,SHI Y,LI R,et al. Progressive geomorphic evolution of reservoir bank in coarse-grained soil in East China-Insights from long-term observations and physical model test[J]. Engineering Geology,2021,281(105966):1-14.

[2] 杨珏婕,李广贺,张芳,等.城市河道生态环境质量评价方法研究[J].环境保护科学,2022,48(6):81-85,115.

[3] 陈凤玉,姚仕明.国内外崩岸成因与治理研究综述[M].北京:中国水利水电出版社,2003.

[4] SIMON A,CURINI A,DARBY S E,et al. Bank and near-bank processes in an incised channel[J]. Geomorphology,2000,35(3):193-217.

[5] CELEBUCKI A W,EVISTON J D,NIEZGODA S L. Monitoring streambank properties and erosion potential for the restoration of Lost Creek[C]//World Environmental and Water Resources Congress,2010.

[6] 张幸农,蒋传丰,应强,等.江河崩岸问题研究综述[J].水利水电科技进展,2008(3):80-84.

[7] DUAN G,SHU A,RUBINATO M,et al. Collapsing mechanisms of the typical cohesive riverbank along the Ningxia-Inner Mongolia Catchment[J]. Water,2018,10(9):1-18.

[8] 中华人民共和国水利部.2013 中国河流泥沙公报[R].北京,2013.

[9] 师长兴.黄河下游泥沙灾害初步研究[J].灾害学,1999(4):41-45.

[10] 水利部长江水利委员会.长江中下游护岸工程 40 年[Z].1990.

[11] 龚士良,俞俊英.长江中下游环境地质问题及对防洪工程的影响[J].中国地质灾害与防治学报,1999(3):20-28.

[12] 赵业安,周文浩,费祥俊,等.黄河下游河道演变基本规律[Z].北京:中国水利水电科学研究院,2005.

[13] 王延贵,胡春宏.塔里木河流域工程与非工程措施五年实施方案有关技术问题的研究[R].2001.

[14] TA W,XIAO H,DONG Z. Long-term morphodynamic changes of a desert reach of the Yellow River following upstream large reservoirs'operation[J]. Geomorphology,2008,97(3-4):249-259.

[15] 吴佳敏,王润生,姚建华.黄河银川平原段河道演变的遥感监测与研究[J].国土资源遥感,2009,18(4):36-39.

[16] OKEKE C U,UNO J,ACADEME S,et al. An integrated assessment of land use impact,ripar-

ian vegetation and lithologic variation on streambank stability in a peri-urban watershed(Nigeria)[J]. Scientific Reports,2022,12(1):10-19.
[17] 张帆一,闻云呈,王晓俊,等.长江下游崩岸预警模型水动力指标阈值研究[J].水力发电学报,2023:1-12.
[18] COUPER P R. Space and time in river bank erosion research:A review[J]. Area,2004,36(4):387-403.
[19] GOUDIE A S. Global warming and fluvial geomorphology[J]. Geomorphology,2006,79(3-4):384-394.
[20] KLAVON K,FOX G,GUERTAULT L,et al. Evaluating a process-based model for use in streambank stabilization:Insights on the Bank Stability and Toe Erosion Model(BSTEM)[J]. Earth Surface Processes and Landforms,2017,42(1):191-213.
[21] SEMMAD S,JOTISANKASA A,MAHANNOPKUL K,et al. A coupled simulation of lateral erosion,unsaturated seepage and bank instability due to prolonged high flow[J]. Geomechanics for Energy and the Environment,2022,32:1-14.
[22] 李志威,郭楠,胡旭跃,等.基于BSTEM模型的黄河源草甸型弯曲河流崩岸过程模拟[J].应用基础与工程科学学报,2019,27(3):509-519.
[23] 耿磊.渠江丹溪口河段二维水流特性及崩岸过程数值模拟研究[D].重庆:重庆交通大学,2021.
[24] GONG Q,WANG J,ZHOU P,et al. A regional landslide stability analysis method under the combined impact of rainfall and vegetation roots in South China[J]. Advances in Civil Engineering,2021,2021(7):1-12.
[25] GAO P,LI Z,YANG H. Variable discharges control composite bank erosion in Zoige meandering rivers[J]. Catena,2021,204(105384):1-13.
[26] SIMON A,POLLEN-BANKHEAD N,MAHACEK V,et al. Quantifying reductions of mass-failure frequency and sediment loadings from streambanks using toe protection and other means:lake tahoe,united states[J]. Journal of the American Water Resources Association,2009(7):170-186.
[27] MIDGLEY T L,FOX G A,HEEREN D M. Evaluation of the Bank Stability and Toe Erosion Model(BSTEM)for predicting lateral retreat on composite streambanks[J]. Geomorphology,2012,145-146:107-114.
[28] POLLEN-BANKHEAD N,SIMON A. Enhanced application of root-reinforcement algorithms for bank-stability modeling[J]. Earth Surface Processes and Landforms,2009,34(4):471-480.
[29] MCQUEEN A L. Factors and processes influencing streambank erosion along Horseshoe Run in Tucker County,West Virginia[D]. Morgantown:West Virginia University,2011.
[30] ENLOW H K,FOX G A,BOYER T A,et al. A modeling framework for evaluating streambank stabilization practices for reach-scale sediment reduction[J]. Environmental Modelling

and Software,2018,100:201-212.

[31] LAMMERS R W,BLEDSOE B P. A network scale,intermediate complexity model for simulating channel evolution over years to decades[J]. Journal of Hydrology,2018,566(7):886-900.

[32] 张翼,夏军强,宗全利,等. 下荆江二元结构河岸崩退过程模拟及影响因素分析[J]. 泥沙研究,2015,3(27):27-34.

[33] 王博,姚仕明,岳红艳. 基于 BSTEM 的长江中游河道岸坡稳定性分析[J]. 长江科学院院报,2014,31(1):1-7.

[34] 宗全利,夏军强,邓春艳,等. 基于 BSTEM 模型的二元结构河岸崩塌过程模拟[J]. 四川大学学报,2013,45(3):69-78.

[35] YU G A,LI Z,YANG H,et al. Effects of riparian plant roots on the unconsolidated bank stability of meandering channels in the Tarim River,China[J]. Geomorphology,2020,351:1-12.

[36] 孙嘉卿,丛干文,刘君实,等. 再生骨料生态混凝土预测模型抗压强度试验研究[J]. 建筑结构学报,2020,41(s1):381-389.

[37] THAPA I,TAMRAKAR N K. Bank stability and toe erosion model of the Kodku Khola bank,southeast Kathmandu valley, central Nepal[J]. Journal of Nepal Geological Society,2016,50(1):105-111.

[38] KHANAL A,KLAVON K R,FOX G A,et al. Comparison of linear and nonlinear models for cohesive sediment detachment:Rill erosion,hole erosion test,and streambank erosion studies[J]. Journal of Hydraulic Engineering,2016,142(9):1-12.

[39] LANGENDOEN E J,ZEGEYE A D,STEENHUIS T,et al. Using computer models to design gully erosion control structures for humid northern Ethiopia,F,2014[C]. New Delhi:Springer,2014.

[40] 杨涵苑. 不同河岸物质组成的弯曲河流崩岸过程与机理研究[D]. 长沙:长沙理工大学,2019.

[41] 王军,宗全利,岳红艳,等. 干湿交替对长江荆江段典型断面岸滩土体力学性能的影响[J]. 农业工程学报,2019,35(2):144-152.

[42] MOHAMMED-ALI W,MENDOZA C,HOLMES R R. Influence of hydropower outflow characteristics on riverbank stability:Case of the lower Osage River(Missouri,USA)[J]. Hydrological Sciences Journal,2020,65(10):1784-1793.

[43] KRZEMINSKA D,KERKHOF T,SKAALSVEEN K,et al. Effect of riparian vegetation on stream bank stability in small agricultural catchments[J]. Catena,2019,172:87-96.

[44] 丁彬. 长江安徽段弯道河岸崩岸的模型试验及数值分析[D]. 合肥:合肥工业大学,2018.

[45] ZONG Q,XIA J,ZHOU M,et al. Modelling of the retreat process of composite riverbank in the Jingjiang Reach using the improved BSTEM[J]. Hydrological Processes,2017,31(26):4669-4681.

[46] 方胜. 植被护坡工程质量评价方法研究[D]. 成都:西南交通大学,2011.

[47] EVETTE A,LABONNE S,REY F,et al. History of bioengineering techniques for erosion

control in rivers in Western Europe[J]. Environmental Management,2009,43(6):972-984.
[48] 王保龙,邹胜文.废旧轮胎在岩石坡面固土绿化中的应用[J].公路,2003(2):127-130.
[49] 查轩,唐克丽,张科利,等.植被对土壤特性及土壤侵蚀的影响研究[J].水土保持学报,1992(2):52-58.
[50] LI L B,ZHAN H M,ZHOU X M,et al. Effects of super absorbent polymer on scouring resistance and water retention performance of soil for growing plants in ecological concrete[J]. Ecological Engineering,2019,138:237-247.
[51] 黄晓乐,许文年,夏振尧.植被混凝土基材 2 种草本植物根-土复合体直剪试验研究[J].水土保持研究,2010,17(4):158-161,165.
[52] 齐泽民,卿东红.根系分泌物及其生态效应[J].内江师范学院学报,2005(2):68-74.
[53] 张锋,凌贤长,吴李泉,等.植被须根护坡力学效应的三轴试验研究[J].岩石力学与工程学报,2010,29(s2):3979-3985.
[54] POLLEN-BANKHEAD N,SIMON A. Estimating the mechanical effects of riparian vegetation on stream bank stability using a fiber bundle model[J]. Water Resources Research,2005,41(7):1-11.
[55] MILLER J R,CRAIG K R. Use and performance of in-stream structures for river restoration: A case study from North Carolina[J]. Environmental Earth Sciences,2013,68(6):1563-1574.
[56] TANG W,MOHSENI E,WANG Z. Development of vegetation concrete technology for slope protection and greening[J]. Construction and Building Materials,2018,179:605-613.
[57] 胡蝶,费永俊,张洋.混播草种在植被混凝土上群落构建技术应用研究[J].长江大学学报(自科版),2021,18(5):112-120.
[58] 唐瑞泽,汤骅,宗全利,等.植被根系对干旱内陆河流岸坡冲刷过程影响的模拟研究[J].水土保持学报,2023,37(2):27-36.
[59] 夏军强,林芬芬,周美蓉,等.三峡工程运用后荆江段崩岸过程及特点[J].水科学进展,2017,28(4):543-552.
[60] 钱兴月.下荆江河漫滩景观生态系统服务评价[D].恩施:湖北民族大学,2022.
[61] 邓珊珊,夏军强,宗全利,等.下荆江典型河段芦苇根系特性及其对二元结构河岸稳定的影响[J].泥沙研究,2020,45(5):13-19.
[62] 夏军强,刘鑫,邓珊珊,等.三峡工程运用后荆江河段崩岸时空分布及其对河床调整的影响[J].湖泊科学,2022,34(1):296-306.
[63] 刘鑫,夏军强,邓珊珊,等.下荆江急弯段凸冲凹淤演变过程与机理[J].科学通报,2022,67(22):2672-2683.
[64] 张明进.新水沙条件下荆江河段航道整治工程适应性及原则研究[D].天津:天津大学,2014.
[65] XIA J,ZONG Q,DENG S,et al. Seasonal variations in composite riverbank stability in the Lower Jingjiang Reach,China[J]. Journal of Hydrology,2014,519(5):3664-3673.
[66] LI F F,QIU J. Incorporating ecological adaptation in a multi-objective optimization for the

Three Gorges Reservoir[J]. Journal of Hydroinformatics,2016,18(3):564-578.

[67] WANG X,LI X,WU Y. Maintaining the connected river-lake relationship in the middle Yangtze River reaches after completion of the Three Gorges Project[J]. International Journal of Sediment Research,2017,32(4):487-494.

[68] WU J,LUO J,ZHANG H,et al. Projections of land use change and habitat quality assessment by coupling climate change and development patterns[J]. Science of the Total Environment,2022,847(7):1-9.

[69] 王超,李浩,柴元方. 长江中下游同流量下水位变化特征[J]. 水电能源科学,2021,39(9):33-36.

[70] 柴元方,邓金运,杨云平,等. 长江中游荆江河段同流量—水位演化特征及驱动成因[J]. 地理学报,2021,76(1):101-113.

[71] 夏军强,周美蓉,许全喜,等. 三峡工程运用后长江中游河床调整及崩岸特点[J]. 人民长江,2020,51(1):16-27.

[72] 毛禹,赵雪花. 长江中游监利段近10年水位流量响应关系新特点[J]. 人民长江,2020,51(5):89-93.

[73] 刘奇峰. 长江中游大马洲水道航道整治工程效果分析[J]. 水运工程,2019(5):125-129.

[74] 陈洁,陶桂兰,吴俊东. 基于Matlab的下荆江二元岸坡崩塌过程动态模拟[J]. 水道港口,2018,39(6):716-722.

[75] 卢金友,朱永辉,岳红艳,等. 长江中下游崩岸治理与河道整治技术[J]. 水利水电快报,2017,38(11):6-14.

[76] 林芬芬,夏军强,周美蓉,等. 近50年来荆江监利段河床平面及断面形态调整特点[J]. 科学通报,2017,62(33):2698-2708.

[77] 夏军强,宗全利,许全喜,等. 下荆江二元结构河岸土体特性及崩岸机理[J]. 水科学进展,2013,24(6):810-820.

[78] 关见朝,宋平,王大宇,等. 荆江河段冲刷下切关键河段及节点分析[J]. 泥沙研究,2020,45(3):22-29,52.

[79] 中华人民共和国水利部. 中国河流泥沙公报(2006)[R]. 北京:中华人民共和国水利部,2006.

[80] 水利部长江水利委员会. 长江泥沙公报(2006)[R]. 武汉:水利部长江水利委员会,2006.

[81] 黄莉. 监利河段水沙变化及其对该河段河床横断面形态影响机理研究[D]. 武汉:长江科学院,2008.

[82] 中华人民共和国水利部. 中国河流泥沙公报(2007)[R]. 北京:中华人民共和国水利部,2007.

[83] 李景保,谷佳慧,代稳,等. 三峡水库运行下长江中游典型河段水情变化及趋势预测[J]. 冰川冻土,2017,38(5):1373-1384.

[84] 袁帅,李志威,朱玲玲,等. 下荆江七弓岭弯道崩岸机理研究[J]. 泥沙研究,2020,45(1):21-28.

[85] HYDROLOGY J B O. Investigation of riverbank erosion phenomena and mechanical mecha-

nisms in the Jingjiang Reach[R]. Wuhan:Changjiang Water Resources Commission,2008.
[86] 余文畴,卢金友.长江河道崩岸与保护[M].北京:中国水利水电出版社,2008.
[87] 张芳枝,陈晓平.河流冲刷对堤岸渗流和变形的影响研究[J].岩土力学,2011,32(2):441-447.
[88] ZONG Q,ZHENG T,TANG R,et al. Effects of desert riparian vegetation roots on the riverbank retreat process in the Tarim River in China[J]. Journal of Hydrology,2023,617:1-17.
[89] 刘子军.基于 Pearson 相关系数的低渗透砂岩油藏重复压裂井优选方法[J].油气地质与采收率,2022,29(2):140-144.
[90] 唐军峰,唐雪梅,肖鹏,等.库水位升降与降雨作用下大型滑坡体渗流稳定性分析[J].地质科技通报,2021,40(4):153-161.
[91] SIMON A,COLLISON A J. Quantifying the mechanical and hydrologic effects of riparian vegetation on streambank stability[J]. Earth Surface Processes and Landforms,2002,27(5):527-546.
[92] SIMON A,CURINI A,DARBY S E,et al. Streambank mechanics and the role of bank and near-bank processes in incised channels[J]. Incised River Channels,1999,1(999):123-152.
[93] 张琳琳.汛后落水条件下河岸崩塌的机理分析[D].咸阳:西北农林科技大学,2015.
[94] 杨斌.水位骤变条件下河流崩岸机理研究[D].南昌:南昌大学,2018.
[95] 林木松,唐文坚.长江中下游河床稳定性系数计算[J].水利水电快报,2005,26(17):25-27.
[96] 童潜明.荆江段泥沙淤积搬家与洞庭湖的防洪[J].国土资源科技管理,2004(3):19-25.
[97] 李林刚.考虑河流冲刷作用的岸坡失稳机理研究[D].重庆:重庆交通大学,2019.
[98] 傅春,张念强,曹志先.明渠断面水流流速与边界剪切应力横向分布模型[J].水利水电科技进展,2006(4):12-14.
[99] 赵盖博,边昌伟,徐景平.潮流和风浪对海底边界层剪切应力和悬浮物浓度影响的观测研究[J].中国海洋大学学报(自然科学版),2019,49(11):83-91.
[100] 范昕然,王海琳.植物型生态护坡在河道治理中的应用[J].水运工程,2023(s2):15-19.
[101] 张志永,向林,万成炎,等.三峡水库消落区植物群落演变趋势及优势植物适应策略[J].湖泊科学,2023,35(2):553-563.
[102] POLLEN-BANKHEAD N. Temporal and spatial variability in root reinforcement of streambanks:Accounting for soil shear strength and moisture[J]. Catena,2007,69(3):197-205.
[103] ENNOS A R. The anchorage of leek seedlings:The effect of root length and soil strength[J]. Annals of Botany,1990,65(4):409-416.
[104] WALDRON L J. The shear resistance of root-permeated homogeneous and stratified soil[J]. Soil Science Society of America Journal,1977,41(5):843-849.
[105] 李绍才,孙海龙,杨志荣,等.坡面岩体-基质-根系互作的力学特性[J].岩石力学与工程学报,2005(12):2074-2081.
[106] 周跃,徐强,络华松,等.乔木侧根对土体的斜向牵引效应 I 原理和数学模型[J].山地学报,

1999(1):5-10.

[107] 韩纪坤.不同类型植株平面布置对岸坡锚固加筋作用的影响研究[D].郑州:华北水利水电大学,2021.

[108] 张丽,岳绍玉,薛静.河流植被护坡的防护机理研究与分析[J].河南水利与南水北调,2017(1):84-88.

[109] FRESCHET G T,ROUMET C,COMAS L H,et al. Root traits as drivers of plant and ecosystem functioning:Current understanding,pitfalls and future research needs[J]. New Phytologist,2021,232(3):1123-1158.

[110] 沈中原.坡面植被格局对水土流失影响的实验研究[D].西安:西安理工大学,2006.

[111] 刘雅婷.河岸带紫花苜蓿根-土相互力学作用时间效应研究[D].太原:太原理工大学,2021.

[112] WU T H,MCKINNELL I W,SWANSTON D N. Strength of tree roots and landslides on Prince of Wales Island,Alaska[J]. Canadian Geotechnical Journal,1979,16(1):19-33.

[113] WALDRON L J,DAKESSIAN S. Soil reinforcement by roots:Calculation of increased soil shear resistance from root properties[J]. Soil science,1981,132(6):427-435.

[114] WANG S Y,MENG X M,CHEN G,et al. Effects of vegetation on debris flow mitigation:A case study from Gansu province,China[J]. Geomorphology,2017,282:64-73.

[115] 肖衡林,余天庆.山区挡土墙土压力的现场试验研究[J].岩土力学,2009,30(12):3771-3775.

[116] GREGG P M,ZHAN Y,AMELUNG F,et al. Forecasting mechanical failure and the 26 June 2018 eruption of Sierra Negra volcano, Galápagos, Ecuador[J]. Science advances, 2022, 8(22):1-9.

[117] 徐贵迁,赵洋毅,王克勤,等.金沙江干热河谷冲沟区优先流影响下的土壤力学特性[J].水土保持学报,2023,37(2):100-110.

[118] 卢肇钧.黏性土抗剪强度研究的现状与展望[J].土木工程学报,1999(4):3-9.

[119] 张青松,廖庆喜,王泽天,等.油菜直播地表土壤物理机械特性参数测量装置研究[J].农业机械学报,2023:1-11.

[120] 陈希哲.土力学地基基础[M].北京:清华大学出版社有限公司,1998.

[121] 蒋坤云.植物根系抗拉特性的单根微观结构作用机制[D].北京:北京林业大学,2013.

[122] POLLEN-BANKHEAD N,Simon A,Thomas R E. The reinforcement of soil by roots:Recent advances and directions for future research[M]//Shroder J F. Treatise on Geomorphology. San Diego:Academic Press,2013:107-124.

[123] DEBAETS S,POESEN J,REUBENS B,et al. Root tensile strength and root distribution of typical Mediterranean plant species and their contribution to soil shear strength[J]. Plant and soil,2008,305:207-226.

[124] COPPIN N J,RICHARDS I G. Use of vegetation in civil engineering[J]. Ciria Butterworths,1990.

[125] REUBENS B,POESEN J,DANJON F,et al. The role of fine and coarse roots in shallow

slope stability and soil erosion control with a focus on root system architecture:A review[J]. Trees,2007,21(4):385-402.
[126] RIESTENBERG M M,SOVONICK-DUNFORD S. The role of woody vegetation in stabilizing slopes in the Cincinnati area, Ohio[J]. Geological Society of America Bulletin, 1983, 94(4):506-518.
[127] GREGORY K J, GURNELL A M. Vegetation and river channel form and process, F, 1988[C]. New Delhi:Springer,1988.
[128] HALES T C,FORD C R,HWANG T,et al. Topographic and ecologic controls on root reinforcement[J]. Journal of Geophysical Research:Earth Surface,2009,114(03013):1-17.
[129] GENET M, STOKES A, SALIN F, et al. The influence of cellulose content on tensile strength in tree roots[J]. Plant and Soil,2005,278:1-9.
[130] 张波. 马尾松木材管胞形态及微力学性能研究[D]. 北京:中国林业科学研究院,2007.
[131] 蒋坤云,陈丽华,杨苑君,等. 华北油松、落叶松根系抗拉强度与其微观结构的相关性研究[J]. 水土保持学报,2013,27(2):8-12,19.
[132] DOCKER B B, HUBBLE T C. Quantifying root-reinforcement of river bank soils by four Australian tree species[J]. Geomorphology,2008,100(3-4):401-418.
[133] SCHWARZ M,PRETI F,GIADROSSICH F,et al. Quantifying the role of vegetation in slope stability:A case study in Tuscany(Italy)[J]. Ecological Engineering,2010,36(3):285-291.
[134] LOADES K W,BENGOUGH A G,BRANSBY M F,et al. Planting density influence on fibrous root reinforcement of soils[J]. Ecological Engineering,2010,36(3):276-284.
[135] 刘艳锋,王莉. BSTEM 模型的原理、功能模块及其应用研究[J]. 中国水土保持,2010(10):24-27.
[136] 赵亮. 根-土复合体抗剪强度试验研究[D]. 长沙:中南林业科技大学,2014.
[137] BURYLO M,HUDEK C,REY F. Soil reinforcement by the roots of six dominant species on eroded mountainous marly slopes(Southern Alps,France)[J]. Catena,2011,84(1-2):70-78.
[138] JIANG B,ZHANG G,HE N,et al. Analytical model for pullout behavior of root system[J]. Ecological Modelling,2023,479:1-11.
[139] 郝由之,假冬冬,张幸农,等. 植被对河道水流及岸滩形态演变影响研究进展[J]. 水利水运工程学报,2022(3):1-11.
[140] NILAWEERA N S,NUTALAYA P. Role of tree roots in slope stabilisation[J]. Bulletin of Engineering Geology and the Environment,1999,57(5):337-342.
[141] 陈小华,李小平. 河道生态护坡关键技术及其生态功能[J]. 生态学报,2007(3):1168-1176.
[142] BISCHETTI G B,CHIARADIA E A,SIMONATO T,et al. Root strength and root area ratio of forest species in Lombardy(Northern Italy),F,2007[C]. New Delhi:Springer,2007.
[143] WALDRON L J,DAKESSIAN S. Effect of grass,legume,and tree roots on soil shearing resistance[J]. Soil Science Society of America Journal,1982,46(5):894-899.

[144] 孙曰波,赵从凯,张玲,等.氮磷钾营养亏缺对玫瑰幼苗根构型的影响[J].中国土壤与肥料,2013(3):43-48.

[145] 吴敏,张文辉,周建云,等.干旱胁迫对栓皮栎幼苗细根的生长与生理生化指标的影响[J].生态学报,2014,34(15):4223-4233.

[146] AVANI N,LATEH H,BIBALANI G H. Root distribution of *Acacia mangium* Willd. and *Macaranga tanarius* L. of rainforest[J]. Bangladesh Journal of Botany, 2014, 43(2): 141-145.

[147] ZEGEYE A D,LANGENDOEN E J,TILAHUN S A,et al. Root reinforcement to soils provided by common Ethiopian highland plants for gully erosion control[J]. Ecohydrology, 2018,11(6):10-28.

[148] 朱利利.印楝属植物亲缘关系分析[D].北京:中国林业科学研究院,2016.

[149] 李煜,赵国红,尹峰,等.岩质边坡覆绿植物的根系形态变化特征及影响因子研究[J].湖南师范大学自然科学学报,2020,43(2):45-52,81.

[150] 游珍,李占斌,蒋庆丰.坡面植被分布对降雨侵蚀的影响研究[J].泥沙研究,2005(6):42-45.

[151] 朱建强,邹社校,潘传柏.长江中下游堤防侵蚀及其防治[J].水土保持通报,2000(5):5-10.

[152] 彭泽乾.植被对欠稳定边坡自我修复影响机制研究[D].重庆:重庆交通大学,2018.

[153] 胡凡荣.北京市怀柔区典型河岸带不同生物护坡技术生态效益研究[D].北京:北京林业大学,2017.

[154] 樊维.裂隙岩体植物根劈作用机理研究[D].重庆:重庆交通大学,2016.

[155] ENDO I,KUME T,KHO L K,et al. Spatial and temporal patterns of root dynamics in a Bornean tropical rainforest monitored using the root scanner method[J]. Plant and Soil, 2019,443(5):323-335.

[156] 方华,林建平.植被护坡现状与展望[J].水土保持研究,2004(3):283-285,292.

[157] 王飞,史文明,王能贝,等.绿色生态型护坡在三峡水库消落区的工程应用[J].水电能源科学,2010,28(3):105-107.

[158] HUANG C,HUANG X,PENG C,et al. Land use/cover change in the Three Gorges Reservoir area,China:Reconciling the land use conflicts between development and protection[J]. Catena,2019,175:388-399.

[159] 范永丰,韩宇琨,刘丛木,等.土工格室加固边坡稳定性参数分析[J].科学技术与工程,2022,22(6):2507-2514.

[160] 畅宇文.边坡复合支护结构设计及研究[D].大连:大连理工大学,2022.

[161] POLITTI E,BERTOLDI W,GURNELL A,et al. Feedbacks between the riparian Salicaceae and hydrogeomorphic processes:A quantitative review[J]. Earth Science Reviews,2018,176:147-165.

[162] LI Y,WANG Y,WANG Y,et al. Effects of Vitex negundo root properties on soil resistance caused by pull-out forces at different positions around the stem[J]. Catena, 2017, 158:

148-160.

[163] DUROCHER M G. Monitoring spatial variability of forest interception[J]. Hydrological Processes,1990,4(3):215-229.

[164] 付江涛,李光莹,虎啸天,等.植物固土护坡效应的研究现状及发展趋势[J].工程地质学报,2014,22(6):1135-1146.

[165] 郑明新,黄钢,彭晶.不同生长期多花木兰根系抗拉拔特性及其根系边坡的稳定性[J].农业工程学报,2018,34(20):175-182.

[166] 黄刚,赵学勇,苏延桂.科尔沁沙地3种草本植物根系生长动态[J].植物生态学报,2007(6):1161-1167.

[167] YANG Y,MCCORMACK M L,HU H,et al. Linking fine-root architecture,vertical distribution and growth rate in temperate mountain shrubs[J]. Oikos,2023(1):1-10.

[168] 陈锴.浙江省大中型水库消落区现状分析及防治研究[D].杭州:浙江大学,2015.

[169] 王克响,宗全利,蔡杭兵,等.基于BSTEM模型的植被根系对塔里木河岸坡稳定性影响过程模拟[J].干旱区资源与环境,2021,35(3):118-125.

[170] ZHAO K,LANZONI S,GONG Z,et al. A numerical model of bank collapse and river meandering[J]. Geophysical Research Letters,2021,48(12):1-10.

昊禹 HAO YU 河北昊禹工程技术咨询有限公司简介

河北昊禹工程技术咨询有限公司(Hebei Haoyu Engineering Technology Consulting Co. ,Ltd,以下简称公司)成立于2005年,注册资本800万元人民币,控股股东为河北省水利水电勘测设计研究院集团有限公司。公司设有三个办公地点,分别为天津市河北区金钟河大街238号、天津市河西区洞庭路16号郡都大厦1号楼4层和石家庄市桥西区中营街1号。

公司持有住建部颁发的工程勘察(岩土工程)乙级资质证书、水利行业(河道整治)专业乙级、工程招标代理甲级资质证书、工程咨询单位乙级预评价资信证书(水利水电专业)、中央投资项目招标代理甲级资格证书、中华人民共和国政府采购代理机构资格确认证书,并录入"政府采购代理机构名单",公司通过了ISO9001:2015质量管理体系标准、ISO14001:2015环境管理体系标准和ISO45001:2018职业健康安全管理体系认证。

公司业务涉及规划咨询、投资策划、工程勘察设计,工程招标及造价服务、工程管理服务,水土保持技术咨询、水资源评价、环境保护、土地规划设计、新能源技术推广服务、建筑劳务分包等,覆盖了水利行业的主要业务,彰显了公司在水利行业咨询的全面性和专业性。

公司拥有专业技术人员60多人,其中研究生以上学历、各类职业资格、中高级职称以上人才占比近75%,形成了一支理论基础扎实、实践经验丰富,涉及多专业、高层次、综合性的专家队伍,有力地支撑了公司全过程咨询业务的开展。

公司成立以来,承担了南水北调中线干线工程、河北省南水北调配套工程、引黄入冀补淀工程、水库除险加固工程、河道综合治理工程、引青济秦扩建工程等国家重点工程的造价和招标工作3000多项。近两年承担涉及"23·7"洪水的勘察设计项目总投资50多亿元,涉及"23·7"洪水项目20多亿元。

公司注重科技与质量,承担的项目多次获得全国优秀勘察设计奖、大禹奖、省优秀勘察设计奖、省优秀工程咨询奖,多项课题获省水利学会科技进步一等奖。同时公司积极参与标准建设,完成了多项河北省地方标准。

展望未来,面对经济社会发展新形势、新机遇、新挑战,公司以全方位的管理体系和技术支撑,不断补强公司智库,提升服务能力和综合竞争力,以"创新、开放、共享"的发展理念,"严肃、认真、高效"的工作态度,秉承求真务实、与时俱进、开拓创新的咨询服务,赢得社会各界的信赖和好评。

HAO YU

Introduction of Hebei Haoyu Engineering Technology Consulting Co. ,Ltd.

Haoyu Engineering Technology Consulting Co. ,Ltd(hereinafter referred to as the Company) was established in 2005 with a registered capital of RMB 8 million and a controlling shareholder of Hebei Water Conservancy and Hydroelectricity Survey and Design Institute Group Co. The Company has three office locations, namely,No. 238 Jinzhonghe Street,Hebei District,Tianjin,4/F,Building 1,Shundu Mansion,No. 16 Dongting Road,Hexi District,Tianjin,and No. 1 Zhongying Street, Qiaoxi District,Shijiazhuang.

The company holds Class B Qualification Certificate of Engineering Survey (Geotechnical Engineering),Class B Specialty in Water Conservancy Industry(River Regulation), Class A Qualification Certificate of Engineering Bidding Agent, Class B Pre-evaluation Credit Certificate of Engineering Consulting Units(Specialty in Water Conservancy and Hydroelectricity)issued by the Ministry of Housing and Construction,Class A Qualification Certificate of Bidding Agent for Central Investment Projects,and Certificate of Confirmation of Qualification of Government Procurement Agents in the People's Republic of China, which is also recorded in the "List of Government Procurement Agencies", the company has passed ISO9001: 2015 quality management system standard,ISO14001:2015 environmental management system standard and ISO45001:2018 occupational health and safety management system certification.

The company's business involves planning and consulting, investment planning,engineering survey and design,engineering bidding and costing services,engineering management services,soil and water conservation technical consulting,water resources evaluation, environmental protection, land planning and design, new energy technology promotion services,and construction labor subcontracting,etc. , which cover the main business of the water conservancy industry, highlighting the company's comprehensiveness and professionalism of consulting in the water conservancy industry.

he company has more than 60 professional and technical personnel, of which nearly 75% have postgraduate education, various types of professional qualifications, middle and senior titles, forming a solid theoretical foundation, rich practical experience, involving multi-disciplinary, high-level, comprehensive team of experts, which is conducive to support the company's whole process of consulting business.

Since the establishment of the company, it has undertaken more than 3, 000 costing and bidding works of national key projects, such as South-to-North Water Diversion Mainline Project, South-to-North Water Diversion Supporting Project in Hebei Province, Yellow River Diversion Project, Reservoir Removal and Reinforcement Project, Comprehensive River Management Project, and Diversion Project of Qingdao to Qin. In the past two years, the company has undertaken survey and design projects involving the "23 • 7" flood with a total investment of more than 5 billion yuan, and projects involving the "23 • 7" flood with more than 2 billion yuan.

The company emphasizes on science and technology and quality, and the projects undertaken by the company have won the National Excellent Survey and Design Award, Dayu Award, Provincial Excellent Survey and Design Award, Provincial Excellent Engineering Consultation Award, and a number of projects have won the First Prize for Scientific and Technological Progress of Provincial Water Conservancy Society. Meanwhile, the company actively participates in standard construction and has completed many local standards in Hebei Province.

Looking ahead, in the face of the new situation of economic and social development, new opportunities, new challenges, the company to a full range of management systems and technical support, and constantly strengthen the company's think tank, enhance the service capacity and comprehensive competitiveness, "innovation, openness, sharing" development concept, "serious, conscientious and efficient" work attitude, adhering to the "serious, conscientious and efficient" work attitude. With the development concept of "innovation, openness and sharing", the working attitude of "seriousness, conscientiousness and efficiency", the company adheres to the consulting service of seeking truth and pragmatism, advancing with the times and pioneering and innovating, and has won the trust and favorable comments from all circles of society.